北京城市副中心
控制性详细规划（街区层面）

BEIJING MUNICIPAL ADMINISTRATIVE CENTER
REGULATORY PLAN (BLOCK LEVEL)

（2016年—2035年）

中国建筑工业出版社

中共中央 国务院
关于对《北京城市副中心控制性详细规划（街区层面）(2016年—2035年)》的批复

中共北京市委、北京市人民政府：

你们《关于报请审批〈北京城市副中心控制性详细规划（街区层面）(2016年—2035年)〉的请示》收悉。现批复如下：

一、同意《北京城市副中心控制性详细规划（街区层面）(2016年—2035年)》（以下简称《城市副中心控规》）。《城市副中心控规》以习近平新时代中国特色社会主义思想为指导，深入贯彻习近平总书记对北京重要讲话精神，紧紧围绕统筹推进"五位一体"总体布局和协调推进"四个全面"战略布局，坚持以人民为中心的发展思想，牢固树立创新、协调、绿色、开放、共享的发展理念，按照高质量发展的要求，以供给侧结构性改革为主线，坚持世界眼光、国际标准、中国特色、高点定位，以创造历史、追求艺术的精神，牢牢抓住疏解北京非首都功能这个"牛鼻子"，紧紧围绕京津冀协同发展，注重生态保护、注重延续历史文脉、注重保障和改善民生、注重多规合一，符合党中央、国务院批复的《北京城市总体规划（2016年—2035年）》，对于以最先进的理念、最高的标准、最好的质量推进北京城市副中心（以下简称城市副中心）建设具有重要意义。《城市副中心控规》有许多创新，对于全国其他大城市新区建设具有示范作用。

二、坚持高质量发展，把城市副中心打造成北京的重要一翼。规划建设城市副中心，与河北雄安新区形成北京新的两翼，是以习近平同志为核心的党中央作出的重大决策部署，是千年大计、国家大事。城市副中心建设不是简单地造一个新城，而是要打造一个不一样的和谐宜居之城。要切实把高质量发展贯穿到城市规划、建设、管理和经济发展的方方面面和全过程，努力创造经得住历史检验的"城市副中心质量"。要处理好和中心城区的关系，带动中心城区功能和人口向城市副中心疏解，同时更好加强对中心城区首都功能的服务保障，实现以副辅主、主副共兴。要处理好与河北雄安新区的关系，做到各有分工、互为促进。要努力建设国际一流的和谐宜居之都示范区、新型城镇化示范区和京津冀区域协同发展示范区，建设绿色城市、森林城市、海绵城市、智慧城市、人文城市、宜居城市，使城市副中心成为首都一个新地标。

三、科学构建城市空间布局。顺应自然、尊重规律，遵循中华营城理念、北京建城传统、通州地域文脉，统筹城市副中心生产、生活、生态三大空间，构建蓝绿交织、清新明亮、水城共融、多组团集约紧凑发展的生态城市布局，形成"一带、一轴、多组团"的城市空间结构。要突出"一带、一轴"统领城市空间格局的骨架作用，做好大运河沿岸公共空间和公共环境营造，实施六环路入地改造，建设若干民生共享组团和街区，把每个街区都建设成环境优美、服务健全、包容共享的美丽家园，使工作、居住、休闲、交通、教育、医疗等有机衔接，创造良好工作生活条件。

四、严格控制城市规模。以资源环境承载能力为硬约束，严格控制人口规模、用地规模、建筑规模。城市副中心规划范围155平方公里，加上拓展区覆盖通州全区约906平方公里。以舒适宜居为标准，将城市副中心人口密度控制在0.9万人/平方公里以内。到2035年，常住人口规模控制在130万人以内，城乡建设用地规模控制在100平方公里左右。坚持集约节约发展，科学利用地下空间，加强地上地下空间一体化设计和统筹利用。严守生态控制线、城市开发边界等刚性管控边界，严格管控战略留白，为未来预留空间。同时，在通州全区加强城乡统筹，提高城市副中心与拓展区发展的整体性和协调性，分类引导小城镇特色化发展，建设美丽乡村，形成城乡共同繁荣的良好局面。

五、有序承接中心城区功能疏解。城市副中心以行政办公、商务服务、文化旅游为主导功能，形成配套完善的城市综合功能。通过市级党政机关和市属行政事业单位搬迁，带动中心城区包括学校、医院等其他相关功能和人口疏解；充分发挥新两翼的疏解承接作用，与河北雄安新区错位发展，推动中心城区符合城市副中心功能定位的企业总部等向城市副中心搬迁，建设国际化现代商务区；依托大运河文化带等文化资源，打造文化和旅游新窗口；积极承接吸纳中心城区创新资源，并加强与北京经济技术开发区合作；提高城市副中心综合实力，使城市建设发展与现代化经济体系相辅相成、相互促进。

六、突出水城共融、蓝绿交织、文化传承的城市特色。全面增加水绿空间总量，统筹考虑水资源、水生态、水安全、水景观要求，建立全流域水污染综合防治体系，构建上蓄、中疏、下排的系列分洪体系，保障城市防洪防涝安全，贯通滨水岸线，促进水和城市和谐发展。做好留白增绿这篇大文章，建设大尺度生态绿化，在城市副中心外围预留生态绿带和生态廊道控制区，健全城市副中心绿色空间体系，率先建设好城市绿心，实现森林入城，为人民群众提供更多优质便利的休闲游憩绿色空间。深化"一河三城、一道多点"整体保护格局，构筑全面覆盖、亘古及今的历史文化传承体系，充分挖掘历史文化内涵，营造传统文化与现代文明交相辉映的人文环境，建设古今同辉的人文城市。

七、建设未来没有"城市病"的城区。坚持公交优先、绿色出行，构建舒适便捷的小街区、密路网的道路体系，加强城市副中心与中心城区之间的公共交通体系建设，营造绿色交通环境。大力推动生态文明建设，深入实施大气、水和土壤污染防治，持续改善生态环境质量。坚持节水优先，实行最严格水资源管理制度。建设国际一流的市政基础设施体系，高标准规划建设防灾减灾基础设施，强化城市安全风险管理，建立城市智能运行模式和治理体系。推进教育、文化、体育、医疗、养老等公共服务设施建设，提升生活性服务业品质，建立优质、公平、均衡的民生服务体系。健全多主体供给、多渠道保障、租购并举的住房制度，实现住有所居，强化组团中心和家园中心建设，就近满足居民的工作、生活需求，提高本地就业率，实现职住平衡发展。推进老城区城市修补、生态修复，实现新老城区深度融合，为老城区复兴注入新活力。

八、塑造城市特色风貌。明确主副空间秩序，形成长安街东延长线规整有序、端正大气的畿辅门户形象，塑造京华风范、运河风韵、人文风采、时代风尚的城市风貌。加强城市设计、建筑设计、景观设计，精心打造好每一个街区、每一栋建筑。追求建筑艺术，体现中国风格、地域风貌，加强主要功能区块、主要景观、主要建筑物的设计。注重城市立体化设计，加强建筑风貌、建设强度、建筑高度、城市色彩、第五立面、城市天际线等各方面管控，塑造富有活力的街道空间，全面提升城市空间品质。

九、推动城市副中心与河北省廊坊北三县地区协同发展。发挥城市副中心对周边的辐射带动作用，实现通州区与河北省廊坊北三县地区统一规划、统一政策、统一标准、统一管控，促进协同发展。通过政府引导、市场运作以及合作共建等方式，推动交通基础设施、公共服务和产业向河北省廊坊北三县地区延伸布局，共同建设潮白河流域大尺度生态绿洲。建立健全国土空间规划控制引导机制，强化交界地区规划建设管理，严格控制开发强度，坚决遏制贴边发展和无序蔓延。

十、处理好政府规划引领与发挥市场作用的关系。尊重市场规律和市民要求，积极转变政府职能，有立有破、有管有放，为市场主体和市民活动创造良好环境。发挥市场在资源配置中的决定性作用，形成市场主导的土地、资金、人才、技术等资源要素价格形成机制和配置机制，创新城市经营模式，拓宽投融资渠道，吸引社会资本参与城市副中心建设。不搞大规模房地产开发。实施扁平化、精细化、智慧化城市管理，尽快形成与城市副中心相匹配的城市治理体系。坚持人民城市人民建、人民城市人民管、人民城市人民共享的理念，强化共建、共治、共享，形成多方主体参与、良性互动的现代城市管理模式。

十一、加强规划组织实施。规划建设城市副中心是历史性工程，要树牢"四个意识"，坚定"四个自信"，坚决做到"两个维护"，坚持一张蓝图干到底，保持历史耐心，一件一件事去做，一茬接一茬地干，发扬"工匠"精神，精心推进、稳扎稳打、久久为功，不留历史遗憾。《城市副中心控规》是城市副中心规划建设的基本依据，必须坚决维护规划的严肃性和权威性，严格执行，任何部门和个人不得随意修改、违规变更。北京市委和市政府要切实履行主体责任，加强组织领导，合理把握开发节奏，有序推动规划实施。驻北京市的党政军单位要带头遵守规划，支持北京市工作。各有关方面要进一步增强责任感、使命感，全力以赴把城市副中心规划好、建设好、管理好，使之成为新时代城市建设发展的典范，成为新时代的精品城市。

《城市副中心控规》执行中遇有重大事项，要及时向党中央、国务院请示报告。

中 共 中 央

国 务 院

2018 年 12 月 27 日

北京正面临一次历史性抉择，从摊大饼转向在北京中心城区之外，规划建设北京城市副中心和集中承载地，将形成北京新的"两翼"，也是京津冀区域新的增长极。

——2016 年 3 月 24 日习近平总书记在中央政治局常委会会议上
对北京城市副中心规划建设的重要指示

规划建设北京城市副中心，疏解北京非首都功能、推动京津冀协同发展是历史性工程，必须一件一件事去做，一茬接一茬地干，发扬"工匠"精神，精心推进，不留历史遗憾。要坚持先规划后建设的原则，把握好城市定位，把每一寸土地都规划得清清楚楚后再开工建设。

——2016 年 5 月 27 日习近平总书记在中央政治局会议上
对北京城市副中心规划建设的重要指示

站在当前这个时间节点建设北京城市副中心要有 21 世纪的眼光，规划、建设、管理都要坚持高起点、高标准、高水平，落实世界眼光、国际标准、中国特色、高点定位的要求。要加强主要功能区块、主要景观、主要建筑物的设计，体现城市精神，展现城市特色，提升城市魅力。

——2017 年 2 月 24 日习近平总书记视察北京城市副中心建设的重要指示

高水平规划建设北京城市副中心。坚持世界眼光、国际标准、中国特色、高点定位，以创造历史、追求艺术的精神，以最先进的理念、最高的标准、最好的质量推进城市副中心规划建设，着力打造国际一流的和谐宜居之都示范区、新型城镇化示范区和京津冀区域协同发展示范区。突出水城共融、蓝绿交织、文化传承的城市特色，构建"一带、一轴、多组团"的城市空间结构。有序推进城市副中心规划建设，带动中心城区功能和人口疏解。

——2017 年 9 月 13 日 中共中央 国务院关于对
《北京城市总体规划（2016 年—2035 年）》的批复

序　言

规划建设北京城市副中心，是以习近平同志为核心的党中央作出的重大决策部署，是千年大计、国家大事。习近平总书记多次对城市副中心规划建设作出重要指示，为城市副中心发展指明了方向，提供了根本遵循。规划建设城市副中心，不仅是调整北京空间格局、治理"大城市病"、拓展发展新空间的需要，也是推动京津冀协同发展、探索人口经济密集地区优化开发模式的需要，对于落实首都城市战略定位、建设国际一流的和谐宜居之都，对于建设以首都为核心的世界级城市群，都具有十分重大而深远的意义。为深入贯彻习近平总书记对北京重要讲话精神，深入落实《京津冀协同发展规划纲要》，深入实施党中央、国务院批复的《北京城市总体规划（2016年—2035年）》，北京市组织编制了《北京城市副中心控制性详细规划（街区层面）（2016年—2035年）》。

本次规划编制工作坚持以习近平新时代中国特色社会主义思想为指导，站在新起点、面向新时代，紧扣实现"两个一百年"奋斗目标和中华民族伟大复兴中国梦的历史使命，紧紧围绕"建设一个什么样的首都，怎样建设首都"这一重大课题，着眼于进一步强化"四个中心"功能建设，不断提升"四个服务"水平；坚持牢牢抓住疏解非首都功能这个"牛鼻子"，打造中心城区功能和人口疏解的重要承载地，有序拉开城市发展框架，与河北雄安新区共同形成北京新的两翼，推动京津冀协同发展向纵深延伸；坚持世界眼光、国际标准、中国特色、高点定位，汇聚各方智慧，齐心谋划新时代城市副中心可持续发展的精细蓝图，努力创造"城市副中心质量"，实现更高质量、更有效率、更加公平、更可持续的发展；坚持以人民为中心，科学配置各类资源要素，提高城市精细化管理水平，建设高水平社会主义现代化城区，让人民群众更有获得感、幸福感、安全感；坚持功成不必在我，保持历史耐心，谋定而后动，实现一张蓝图干到底，把城市副中心打造成北京重要的一翼。

本规划是指导城市副中心规划建设的基本依据。规划期限至2035年。

目　　录

总　则 ……… 1

第一章　落实城市战略定位，明确发展目标、规模和空间布局 ………………………………………… 2

　　第一节　战略定位 …………………………………………………………………………………………3

　　第二节　发展目标 …………………………………………………………………………………………3

　　第三节　规模与结构 ………………………………………………………………………………………4

　　第四节　空间布局 …………………………………………………………………………………………5

第二章　紧紧抓住疏解非首都功能这个"牛鼻子"，建设新时代和谐宜居典范城区 ………………… 7

　　第一节　完善功能承接体系，提高对中心城区的服务保障能力 ………………………………………8

　　第二节　营造良好承接环境，推动新时代和谐宜居城区建设 …………………………………………8

　　第三节　以新促老、新老融合，让人民群众更有归属感 ………………………………………………9

第三章　突出水城共融、蓝绿交织、文化传承的城市特色，形成独具魅力的城市风貌 ……………11

　　第一节　建设水城共融的生态城市 ……………………………………………………………………12

　　第二节　建设蓝绿交织的森林城市 ……………………………………………………………………12

　　第三节　建设文化传承的人文城市 ……………………………………………………………………13

　　第四节　塑造京华风范、运河风韵、人文风采、时代风尚的城市风貌 ……………………………15

第四章　坚持绿色低碳发展，建设未来没有"城市病"的城区 ……………………………………… 18

　　第一节　打造国际一流的设施服务环 …………………………………………………………………19

　　第二节　构建以人为本的综合交通体系 ………………………………………………………………19

第三节　建立绿色低碳和节水节能的市政基础设施体系 21

第四节　完善公平普惠的民生服务体系 22

第五节　形成多元共治的环境综合治理体系 24

第六节　健全坚韧稳固的公共安全体系 25

第七节　建设智能融合的智慧城市 26

第五章　推动通州区城乡融合发展，建设新型城镇化示范区 28

第一节　推动城乡统筹协调发展，完善新型城镇化空间体系 29

第二节　创新城镇化发展模式，建设各具特色的小城镇 30

第三节　实施乡村振兴战略，建设舒朗有致的美丽乡村 30

第六章　推动城市副中心与廊坊北三县地区统筹发展，建设京津冀区域协同发展示范区 32

第一节　建立统一的规划实施机制 33

第二节　建立功能协同的整体格局 34

第三节　共建协同发展的设施体系 34

第七章　保障规划有序有效实施，实现城市高质量发展 36

第一节　构建"城市副中心质量"规划建设管理框架，实现一张蓝图干到底 37

第二节　推进体制机制改革，加强政策集成与创新 38

规划图纸 45

总　　则

第 1 条　指导思想

高举中国特色社会主义伟大旗帜，以习近平新时代中国特色社会主义思想为指导，全面贯彻党的十九大精神，深入贯彻习近平总书记对北京重要讲话精神，深入落实《京津冀协同发展规划纲要》，深入实施党中央、国务院批复的《北京城市总体规划（2016年—2035年）》，紧紧围绕统筹推进"五位一体"总体布局和协调推进"四个全面"战略布局，坚持以人民为中心的发展思想，按照高质量发展的要求，牢固树立创新、协调、绿色、开放、共享的发展理念，坚持世界眼光、国际标准、中国特色、高点定位，以创造历史、追求艺术的精神，以最先进的理念、最高的标准、最好的质量推进城市副中心规划建设，着力建设中心城区功能和人口疏解的重要承载地，着力打造国际一流的和谐宜居之都示范区、新型城镇化示范区和京津冀区域协同发展示范区。

第 2 条　区位及规划范围

城市副中心位于北京市域东部，长安街东延长线与大运河交汇处，距天安门约25公里，距北京首都国际机场约20公里，距北京大兴国际机场约60公里，距河北雄安新区约105公里。区位优势明显，交通便捷通畅，生态环境优良，历史底蕴深厚。

本规划范围为原通州新城规划建设区，西至与朝阳区之间的规划绿化隔离带，东至规划东部发展带联络线，北至现状潞苑北大街，南至现状京哈高速公路，东西宽约12公里，南北长约13公里，总用地面积约155平方公里。加上拓展区覆盖通州全区约906平方公里。

第一章

落实城市战略定位，明确发展目标、规模和空间布局

规划建设城市副中心，要着眼于新时代党中央和人民群众对北京发展的新要求、新期待，认真贯彻落实北京城市总体规划各项要求，紧紧围绕对接中心城区功能和人口疏解，发挥对疏解非首都功能的示范带动作用，明确城市副中心的战略定位、发展目标、规模结构和空间布局，加强空间管控，预留弹性发展空间，努力创造"城市副中心质量"，打造一个不一样的和谐宜居之城，成为留给后人的一笔宝贵财富，为谱写中华民族伟大复兴中国梦的北京篇章作出示范。

第一节 战略定位

城市副中心为北京新两翼中的一翼。规划建设城市副中心要处理好和中心城区"主"与"副"的关系，促进中心城区功能和人口疏解与城市副中心承接的紧密对接、良性互动，加强对中心城区首都功能的服务保障，实现以副辅主、主副共兴；处理好和通州区核心与拓展的关系，加强城乡统筹，创新城镇化发展模式，提高发展的整体性与协调性，实现以城带乡、城乡共荣；处理好和东部各区、廊坊北三县地区激活带动、协同发展的关系，将城市副中心建设成为东部综合服务中心和枢纽，实现以点带面、区域共进；处理好和雄安新区差异化发展的关系，避免同构化，实现一核两翼共同促进首都功能优化提升。

第3条　城市副中心的战略定位是国际一流的和谐宜居之都示范区、新型城镇化示范区和京津冀区域协同发展示范区

打造国际一流的和谐宜居之都示范区。坚持生态优先，贯彻绿水青山就是金山银山的理念，顺应自然，呵护蓝绿空间，实现人与自然和谐共生；坚持以人为本，推动新建区与老城区的包容互促，提高民生保障和公共服务供给水平，创造良好人居环境，增进人民福祉；坚持绿色发展，科学配置生产、生活、生态资源要素，提高集约节约利用水平，构建高精尖经济结构，形成现代化经济体系重要支点；坚持文化传承，萃取大运河历史文化精髓，注入时代创新活力，集聚城市精神财富，提升文化软实力。建设环境优美、绿色低碳、和谐文明的美丽家园，满足人民群众日益增长的美好生活需要。

打造新型城镇化示范区。坚持公平共享，推进以人为核心的新型城镇化，推进城乡要素平等交换和公共资源均衡配置，让广大农民共同享受发展成果；坚持城乡融合，分区分类引导小城镇功能联动和特色发展，有序推进美丽乡村建设，围绕城市副中心形成"众星拱月"的整体城乡格局，共同承接中心城区功能和人口疏解，同时加强空间管控，防止贴边蔓延，避免出现城乡结合部管理失控的问题；坚持改革创新，健全城乡融合发展的体制机制和政策体系，创新城镇化实施模式、管理方式和服务手段，加快推进乡村治理体系和治理能力现代化，壮大乡村发展新动能。实现城乡规划、资源配置、基础设施、产业、公共服务、社会治理一体化，形成功能联动、融合发展、城乡一体的新型城镇化格局。

打造京津冀区域协同发展示范区。坚持分工协作，激活带动顺义、平谷、大兴（亦庄）等东部各区联动发展，实现与廊坊北三县地区统筹发展，形成分工有序的网络化城镇体系，提高对首都功能优化的服务保障能力；坚持共管共控，建立统一规划、统一政策、统一标准、统一管控的协调机制，共同划定生态控制线和城市开发边界，共同建设大尺度生态绿洲，构建区域生态安全格局；坚持互惠共赢，有序推动交通基础设施互联互通和市政基础设施共建共享，协助廊坊北三县地区提升公共服务水平。实现要素有序自由流动，携手构建京津冀协同创新共同体。

第二节 发展目标

第4条　建设国际一流的和谐宜居现代化城区

到2035年初步建成具有核心竞争力、彰显人文魅力、富有城市活力的国际一流的和谐宜居现代化城区。城市功能更加完善，城市品质显著提升，承接中心城区功能和人口疏解作用全面显现，城乡一体化新格局基本实现，与河北雄安新区共同建成北京新的两翼。创造"城市副中心质量"，高质量发展的示范带动作用成效卓著，奠定新时代千年之城的坚实基础。

——成为低碳高效的绿色城市。
——成为蓝绿交织的森林城市。
——成为自然生态的海绵城市。
——成为智能融合的智慧城市。
——成为古今同辉的人文城市。
——成为公平普惠的宜居城市。

第三节 规模与结构

落实减量发展要求，以资源环境承载能力为硬约束，框定总量、限定容量；以承接中心城区功能和人口疏解为出发点，盘活存量、做优增量；以建设国际一流的和谐宜居现代化城区为落脚点，提高质量、留有余量，合理确定人口、用地、建设规模与结构。

第5条 合理确定人口规模，优化人口布局与结构

合理确定人口规模。落实北京城市总体规划，到2035年城市副中心常住人口规模控制在130万人以内，就业人口规模控制在70万—75万人，人口密度控制在0.9万人/平方公里以内。到2035年通州区常住人口规模控制在200万—205万人以内，就业人口规模控制在115万—120万人。

优化人口布局与结构。承接中心城区功能疏解，建设现代产业体系，实现人随功能走、人随产业走，到2035年承接中心城区40万—50万常住人口疏解。促进承接人口融入本地生活，积极应对人口老龄化和生育政策变化，提高人口服务管理水平，提升人口整体素质，吸引年轻人才集聚，为城市副中心注入新生力量，形成与城市副中心战略定位、主导功能相适应的人口布局与结构，让城市副中心成为"留得住人，扎得下根"的地方。

第6条 严格控制用地规模，优化生产、生活、生态空间结构

严格控制建设用地规模，划定城市开发边界。到2035年城市副中心建设用地总规模（包括城乡建设用地、特殊用地、对外交通用地及部分水利设施用地）控制在110平方公里左右，其中城乡建设用地控制在100平方公里左右。按照"先减后增、以减定增、多减少增、增减挂钩"的实施机制，城乡建设用地实施的平均拆占比约1：1。通州区城乡建设用地规模控制在275平方公里左右，平均拆占比约1：0.8。

压缩生产空间规模，提高产业用地利用效率。到2035年城市副中心城乡产业用地占城乡建设用地比重由现状24%下降到15%—17%，通州区城乡产业用地占城乡建设用地比重由现状33%下降到20%左右。

适度提高居住及其配套用地比重，改善人居环境。到2035年城市副中心城乡居住及其配套用地占城乡建设用地比重由现状32%提高到35%—38%，城乡职住用地比例由现状1：1.3调整为1：2左右。通州区城乡居住及其配套用地占城乡建设用地比重由现状34%提高到40%左右，城乡职住用地比例由现状1：1调整为1：2左右。

大幅提高生态空间的规模与质量，强化生态底线管控。到2035年城市副中心生态空间面积达到总面积的40%，通州区生态空间面积达到总面积的60%以上。

第 7 条　合理控制建设总量，促进土地集约高效利用

统筹考虑资源环境承载能力，落实疏解承接任务，优化提升城市功能，创造良好人居环境，到 2035 年城市副中心规划地上建筑规模控制在 1 亿平方米以内。

科学利用地下空间，加强地上地下空间统筹利用。到 2035 年城市副中心地下空间建筑规模控制在 2000 万—2500 万平方米以内。

第 8 条　预留弹性发展空间，提高规划的适应性和空间的包容性

积极应对未来发展的不确定性。划定战略留白地区，为重大发展战略和重大项目预留空间。提高混合用地比例，满足人民群众对美好生活的多元需要。合理调控供地结构和时序，灵活应对城市发展的动态要求。

实行多层次战略留白。城市副中心预留约 9 平方公里战略留白地区，占城乡建设用地比重约 9%。拓展区预留约 30 平方公里的战略留白指标，占城乡建设用地比重约 16%。

提高多层级混合利用水平。推动区域层面的功能混合，围绕重点功能区加强产业与居住功能的混合，促进职住就近平衡。推动地块层面的功能兼容，增强城市活力。推动建筑层面的复合利用，实施空间分层供给，提高城市生活的便利度。

第四节　空间布局

第 9 条　构建"一带、一轴、多组团"的城市空间结构

顺应自然、尊重规律，遵循中华营城理念、北京建城传统、通州地域文脉，构建蓝绿交织、清新明亮、水城共融、多组团集约紧凑发展的生态城市布局，形成"一带、一轴、多组团"的空间结构。

一带：依托大运河构建城市水绿空间格局，形成一条蓝绿交织的生态文明带。

一轴：依托六环路建设功能融合活力地区，形成一条清新明亮的创新发展轴。

多组团：依托水网、绿网、路网，形成 12 个民生共享组团和 36 个美丽家园（街区）。构建集成基础设施和城市公共服务设施的设施服务环，有机串连组团和家园，建设职住平衡、宜居宜业的城市社区。

第 10 条　塑造端正大气、古今同辉、人文荟萃的总体城市形象

通州位于千年大运河北首、百里长安街东端，自古为京畿咽喉重镇。坚持大历史观，贯通历史现状未来，明确主副空间秩序，塑造集约紧凑、大疏大密的城市格局，形成长安街东延长线规整有序、端正大气的畿辅门户形象。

重构空间秩序，依托大运河塑造由古及今、古今同辉的城市风貌。围绕燃灯塔强化五河交汇处整体空间景观营造，围绕一带一轴交汇处精心建设市民活力中心，熔古铸今，徐徐展开一幅运河蜿蜒流淌、古城伴水而生、绿心层叠苍翠、空间疏密有致、高度舒缓有序、街巷尺度宜人的美丽画卷。

重塑城市魅力，更加关注城市公共空间。精心打造好每一个街区、每一栋建筑，不留历史遗憾，促进城市与自然和谐统一，让运河与六环焕发活力，让街道和公园更具魅力，让人们荡舟运河上、漫步森林中，享受更加美好的生活体验，建设人民生活满意幸福、人文荟萃的理想之城。

第 11 条　加强空间管控，提升空间品质

科学确定城市空间管控边界及管控分区。加强各类规划空间控制线的充分衔接，实现对城市空间的全域管控，对各专项系统的统筹管控，对每一寸土地的精细管控。

确定空间刚性管控边界。划定生态控制线、城市开发边界、河湖保护线、绿地系统线、基础设施建设控制线、历史文化保护线，坚持全域管控，推动生态控制线和城市开发边界两线合一，遏制城市连片蔓延发展。

确定城市品质管控分区。划定建筑高度分区、建设强度分区、建筑风貌分区、城市色彩分区、第五立面分区、公共空间分区，保持城市建筑风格的基调与多元化，加强城市空间的整体性与协调性管控。

确定一体化管控区。划定从常水位线到建筑退线的滨水一体化管控区、路缘石线到建筑退线的街道一体化管控区、轨道车站地上地下一体化管控区、设施服务环一体化管控区，加强一体化设计、建设、管理，提升城市空间质量水平。

第二章

紧紧抓住疏解非首都功能这个"牛鼻子",建设新时代和谐宜居典范城区

优化提升城市副中心功能,有效承接中心城区功能和人口疏解。聚焦行政办公、商务服务、文化旅游三大主导功能,强化"腾笼换鸟",积极吸纳和集聚高端要素和创新资源,着力构建高精尖经济结构,使城市建设发展与现代化经济体系相辅相成、相互促进。按照"一带、一轴、多组团"空间结构优化城市功能布局,配套综合服务,营造良好的承接环境。促进新老融合,建设美丽家园,不断提升人民群众的获得感、幸福感、安全感,建设新时代和谐宜居典范城区。

第一节 完善功能承接体系，提高对中心城区的服务保障能力

第 12 条 深化功能定位，明确承接重点

充分发挥城市副中心在承接中心城区功能疏解、推进京津冀协同发展中的示范带动作用，持续开展疏解整治促提升专项行动，坚定不移调存量，为承接功能顺利落地创造条件。促进行政功能与其他城市功能有机结合，以行政办公、商务服务、文化旅游为主导功能，形成配套完善的城市综合功能。

有序承接市级党政机关和市属行政事业单位向城市副中心转移，带动中心城区其他相关功能和人口疏解。实现人随功能走、人随产业走，到 2035 年承接中心城区 40 万—50 万常住人口疏解。

第 13 条 细化主导功能，构建高精尖经济结构

瞄准科技前沿，坚持创新引领，严格产业准入标准，有序引导高端要素集聚。做实转移疏解产业，集中平移中心城区适宜产业资源，做精现有优势产业，提高关键核心技术自主创新能力，做优新兴战略产业，培育发展具有核心竞争力的产业，在城市副中心及周边地区形成优势互补、错位发展的产业新格局。

建设市级行政中心。构建中心城区与城市副中心主副分明、运行高效的城市治理新格局。适度引导相关政务功能向运河商务区、文化旅游区布局，构建城市副中心行政办公功能大集中、小分散的布局模式。

建设国际化现代商务区。引导京津冀区域性金融机构集聚，鼓励银行业金融机构在城市副中心设立京津冀区域性总部或一级分支机构，推动京津冀区域基金管理机构、符合条件的基金管理公司总部集聚。增强总部经济发展吸引力，加快要素市场的培育和发展。

建设文化和旅游新窗口。推动中华优秀传统文化创造性转化和创新性发展，完善与中心城区相协调的文化和旅游休闲功能布局，形成传统文化与现代文明交相辉映、历史文脉与时尚创意相得益彰、本土文化与国际文化深度融合、彰显京华特色和多元包容的大文化产业。依托大运河文化带、北京环球主题公园及度假区、宋庄、台湖等特色地区，大力发展文化创意、主题旅游、原创艺术、演艺娱乐等产业，积极发展体育产业，引进顶尖职业赛事和俱乐部。

搭建科技创新平台。实现与北京经济技术开发区的融合发展，与城市副中心三大主导功能互为支撑和依托。建立市场化技术转移转化平台，实施一批前沿信息技术、智能制造和新材料等创新成果转化重大项目。制定技术领先、标准规范的智慧城市建设和运算标准，推进物联网、计算机、大数据、空间地理信息集成等新一代信息技术在城市管理的广泛应用。

第二节 营造良好承接环境，推动新时代和谐宜居城区建设

第 14 条 以一带、一轴为统领，组织城市功能布局

打造凸显公共空间魅力的生态文明带。划定长约 23 公里、面积约 41 平方公里的大运河沿岸空间管控区。以大运河为骨架，构建城市水绿空间格局，加强生态建设，统筹两岸公共空间、城市功能、交通组织和滨水景观。沿大运河重点培育运河商务区、副中心综合交通枢纽地区和城市绿心 3

个重点功能区。大运河两岸组织完整连续的自行车道、跑步道和漫步道,开通以水上旅游观光为主的通航线路,营造充满现代活力、再现历史记忆的滨水公共空间,形成韵味深厚、环境优美的生态文明带。

打造缝合城市功能的创新发展轴。划定长约 14 公里、面积约 27 平方公里的六环路沿线空间管控区。结合现状六环路入地改造建设六环公园,有效织补城市空间,消除现状六环路的割裂影响,引导两侧城市功能互动发展和创新功能集聚,将科技创新、文化创新等与重点功能区及相关组团建设充分融合,重点建设宋庄文化创意产业集聚区、行政办公区、城市绿心、北京环球主题公园及度假区 4 个重点功能区。依托原六环路面构建以自行车高速路为主的复合慢行体系,建设无人驾驶示范区。形成贯通历史现状未来、功能汇聚、集约高效的创新发展轴。

依托城市绿心建设最具亮点的市民活力中心。在一带一轴交汇处,规划建设面积约 11.2 平方公里的城市绿心,对原东方化工厂地区进行生态治理,开展大规模植树造林,建成大尺度的城市森林公园,实现森林入城,全面提升生态效应和碳汇能力,在绿树掩映中高水平建设剧院、图书馆、博物馆等一批现代化公共文化设施,提高公共文化设施的亲民性、便利性和实用性,形成森林郁郁葱葱、小径鸟语花香、景观四季分明、空间充满活力、游人流连忘返、群众幸福乐享的市民活力中心。

第 15 条 以组团、家园为单元,提供均衡优质的城市公共服务

加强组团差异化引导,实现家园系统化管控。统筹考虑现状条件及发展目标,将 12 个组团划分为更新改造、城乡统筹、创新示范 3 种类型,细化分解功能定位、人口规模和建筑规模,制定差异化的公共服务保障策略,统筹调配各组团的职住关系和公共服务。以 36 个家园为基本单元,传导落实组团的各项刚性管控内容。

完善多层级公共服务体系。坚持宜居便利、均衡发展,建立市民中心–组团中心–家园中心–便民服务点的公共服务体系,构建 5-15-30 分钟生活圈。强化组团中心和家园中心建设,鼓励配套服务功能集中设置、混合利用、统筹核算,实现均衡布局,就近满足居民的工作、居住、休闲、交通、教育、医疗、文化、体育等需求,实现居民从家步行 5 分钟可达各种便民生活服务设施,步行 15 分钟可达家园中心,享有一站式社区生活服务,30 分钟可达组团中心及市民中心,享有丰富多元的城市生活服务。到 2035 年城市副中心实现一刻钟社区服务圈全覆盖。

第三节 以新促老、新老融合,让人民群众更有归属感

第 16 条 促进新老城区空间、功能、社会深度融合

促进新老城区空间融合。坚持整体协调、系统贯通。强化空间织补,在老城区做好城市修补和生态修复,以舒适宜居为标准,合理控制人口密度和建设强度,保持老城区的风貌格调,为老旧小区加装电梯等附属设施,增补小微绿地,推进停车位改造和市政设施扩容,加强公共空间建设,打通堵点、理顺脉络,逐步由街巷整治转向街区更新,让老城区脱胎换骨。在新建区构建品质卓越的公共空间体系,加快推进六环公园、城市绿心等示范项目建设,加强与老城区的系统衔接,实现新老城区水网、绿网、路网内畅外联、互联互通。

促进新老城区功能融合。坚持以新促老、统筹互补。强

化新建区主导功能建设，充分发挥示范带动作用，推动老城区功能置换、产业升级，为老城区复兴注入新的活力，吸引本地居民就业回归。统筹调配生产、生活、生态空间，促进新老城区合拍共鸣、凝聚合力，实现更有创新活力的经济发展，更均衡的职住关系，更平等的公共服务，更宜人的生态环境。

促进新老城区社会融合。坚持公平正义，普惠共享。构建均衡完备的公共服务体系，充分挖潜老城区存量土地资源，优先补充公共设施短板，加大新建区公共服务对老城区的延伸和辐射力度，实现同管理、同服务。建设以百年老店和通州夜市为主题的特色街区，推动老城区历史文化记忆与新建区现代文化体验全面融合，依托充满活力的组团、家园中心，富有魅力的水岸、公园、街巷、广场，促进邻里交往，形成亲善友爱、和谐融洽的邻里关系。在重视硬件建设的同时加强软件建设，推进遗产保护，唤醒历史记忆，传承文化基因，形成文化自觉，激发文化认同和情感共鸣，实现由地缘相近到人缘相亲，创造城市副中心开放包容的社会氛围。

第三章

突出水城共融、蓝绿交织、文化传承的城市特色，形成独具魅力的城市风貌

践行绿水青山就是金山银山的理念，保护弘扬中华优秀传统文化，加强城市设计，处理好水与城、蓝与绿、古与今的关系，突出水城共融、蓝绿交织、文化传承，构建疏密有序、错落有致的城市空间秩序，塑造京华风范、运河风韵、人文风采、时代风尚的城市风貌，展现"绿心环翠承古韵，一支塔影认通州"的新时代城市画卷。

第一节 建设水城共融的生态城市

大运河是元明清三代南北交通动脉,通州的兴起及发展与运河漕运密不可分。传承运河历史文化,秉承自然生态理念,构建"通州堰"系列分洪体系,保障城市副中心防洪防涝安全,重构水与城、水与人的和谐关系。

第17条 建设富有活力、充满魅力的亲水城市

活力营水。继承传统水城格局,以大运河为主脉,恢复部分河流历史故道,疏浚治理主要河道,构建树状河网结构,形成约18平方公里水域,贯通约163公里连续滨水岸线,营造约40平方公里滨水空间,划定河湖保护线和滨水一体化管控区,实现常水位线到建筑退线一体化建设管理。

魅力亲水。优化滨水空间功能,将滨水空间划分为生活游憩、商务休闲、旅游观赏、自然郊野、历史文化五种类型,实施分类控制和引导。生态化改造现状混凝土河岸护坡,消除过高堤防的视线阻隔,营造自然宜人的滨水环境,结合岸线特征精心设计河岸两侧建筑高度、体量和布局,形成高低错落、灵动舒朗的滨水界面。改善滨水交通条件,加强桥梁规划设计,建设连续贯通的慢行系统,增加直达河岸通道,提升滨水空间可达性,促进滨水空间回归居民生活。

第18条 建设安全可靠、自然生态的海绵城市

精明理水。借鉴古人"堰"的分水理念,基于自然地势,顺应水系脉络,运用现代工程技术手段,合理优化海河流域防洪格局,统筹考虑全流域、上下游、左右岸,建立上蓄、中疏、下排的"通州堰"系列分洪体系,保障城市副中心防洪防涝安全,稳定常水位,为营造安全有活力的亲水岸线提供条件。完善北运河、潮白河防洪减灾体系,合理划定河湖蓝线,完善多功能生态湿地(蓄涝区)等设施,到2035年城市副中心防洪标准达到100年一遇,防涝标准达到50—100年一遇。

海绵蓄水。建设自然和谐的海绵城市,尊重自然生态本底,构建河湖水系生态缓冲带,发挥生态空间在雨洪调蓄、雨水径流净化、生物多样性保护等方面的作用,实现生态良性循环。综合采用透水铺装、下凹绿地、雨水花园、生态湿地等低影响开发措施,实现对雨水资源"渗、蓄、滞、净、用、排"的综合管理和利用,到2035年城市副中心80%城市建成区面积实现年径流总量控制率不低于80%。

第二节 建设蓝绿交织的森林城市

结合新一轮百万亩造林绿化工程,全面增加城市副中心绿色空间总量,构建结构清晰、布局均衡、连续贯通的绿色空间系统,提升绿色空间的便捷性、共享性和舒适性,让居民享受自然,抬眼见绿荫、侧耳闻鸟鸣。

第19条 构建区域生态安全格局

严守生态安全底线。划定生态控制线,将山水林田湖草作为一个生命共同体进行系统保护、系统修复。构建区域生态网络,保护碳汇空间,提升碳汇能力,到2035年通州区森林覆盖率由现状28%提高到40%,塑造水韵林海、绿野田园、人与自然和谐共生的典范地区。

防止城市副中心与周边地区贴边连片发展。在通州区形成"两带、两楔"的绿色空间结构,在城市副中心西侧与朝阳区之间有条件地区规划预留宽度不小于500米的生态绿

带，东侧与廊坊北三县地区之间共建平均宽度不小于 3 公里的生态绿带，南侧与北侧划定宽度约 7 公里的生态廊道控制区，共同形成城市副中心外围的环状绿色生态绿带。发挥生态绿带护蓝、增绿、通风、降尘等作用，促进城市副中心与周边区域生态环境的有机衔接。

第 20 条　健全城市副中心绿色空间体系

构建城市级、社区级两级绿色空间体系。在城市副中心内形成"一带、一轴、两环、一心"的绿色空间格局，全面增加城市副中心绿色空间总量，到 2035 年城市副中心绿色空间约 41 平方公里。划定包括公园绿地、生态绿地等在内的绿地系统线，保障绿地有序实施。到 2035 年城市副中心人均绿地面积达到 30 平方米，公园绿地 500 米服务半径覆盖率达到 100%。

城市级绿色空间：生态文明带、创新发展轴、环城绿色休闲游憩环、设施服务环、城市绿心、大型城市公园、河道绿廊和交通绿廊。

社区级绿色空间：社区公园和小微绿地。

开展大规模植树造林。率先在城市绿心实现具有一定规模和效益的森林生境，依托长安街东延长线以及广渠路、观音堂路等景观大道种植高大乔木，实现森林入城。鼓励城市干道设置中央分隔带种植高大乔木，在有条件的隔离带、人行道种植两排乔木，形成连续的林荫路系统，街区道路 100% 林荫化。

构建完整连续、蓝绿交织的绿道网络。依托河道绿廊、交通绿廊，建设绿荫密集、连续贯通的干线绿道，有效串连城市公园和社区公园。依托小规模绿色线性空间，构建尺度宜人、慢行舒适的次级绿道，有效串连社区公园与小微绿地。到 2035 年城市副中心建成绿道约 280 公里，水岸及道路林木绿化率达到 80% 以上。

第 21 条　提高绿色空间的活力和品质

丰富休闲服务功能。推动绿色空间与体育、文化等城市功能的混合利用，为文体设施建设预留条件，合理规划、加强设计，提升绿色空间的文化内涵和品位。利用绿色空间举办节日庆典、运动赛事、文化表演等公共活动，营造充满活力、引人入胜的绿色空间。

提高生态服务质量。围绕绿色空间，修复本地生物谱系，提高本地动植物种类和多样性，选择以长寿、抗逆、食源、美观为主的乡土树种，营造以乔木为主、树种多元、层次多样、色彩多变的复合稳定的植物群落，建立完整的生态系统，提高生态环境品质。

第三节　建设文化传承的人文城市

担当起塑造新时代城市副中心文化之魂的历史使命，保护并利用好以大运河为核心、多类型文化并存的历史文化资源，构筑全面覆盖、亘古及今的历史文化传承体系，高质量保护利用文物，保护展示文物本体，控制文物周边环境，为公众提供高质量文化交流场所，提升文化品质、激发文化活力，增强文化创新驱动力，充分展现城市副中心文化底蕴和独特魅力。

第 22 条　构建以大运河为核心的历史文化保护与传承体系

完善历史文化整体保护格局。深入挖掘通州历史文化底蕴，以大运河、燕山南麓大道水陆两线串连各类历史文化遗存，构建一河三城、一道多点的整体保护格局。划定历史文化保护线，严格控制历史文化保护重点管控区的建筑高度与建设强度，保障各类历史文化资源本体安全，营造传统文化与现代文明交相辉映的人文环境。健全历史文化保护线的划定机制，逐步扩大管控范围，到2035年历史文化保护重点管控区占城市副中心总面积的比例达到8%以上。

一河指贯穿城市副中心南北的大运河；三城指路县故城（西汉）、通州古城（北齐）和张家湾古镇（明嘉靖）；一道指东西向燕山南麓大道（历史上北京地区沿燕山山前通往辽东地区的一条交通廊道，包括秦驰道、清御道等）；多点包括历史建筑、工业遗产、地下文物埋藏区、传统村落等各类历史文化资源。

形成全覆盖的运河文化传承体系。强化历史景观营造，丰富民俗文化展示，促进文化设施建设，引导公众自觉保护与传承历史文化。塑造凸显运河记忆的文化魅力场所，利用城市绿道和文化景观廊道组织文化探访路，依托特色景观与历史文化遗存划定文化精华区，形成点、线、面相结合的城市副中心历史文化景观体系。围绕各级文化设施植入丰富的文化活动，广泛收集和保护非物质文化遗产，讲好运河故事。

第23条 加强一河三城整体保护

1. 加强大运河遗产保护，传承古运国脉的文化精髓

严格落实大运河遗产保护要求。认真做好"保护好、传承好、利用好"三篇文章，重点加强通惠河通州段、北运河的保护与传承，提升历史水系的景观品质与文化内涵，进一步擦亮大运河金名片。保护好永通桥、通运桥、虹桥、东门桥、广利桥、张家湾石桥（善人桥）等历史桥闸，合理疏解过桥交通功能、修复周边历史环境，为桥闸预留展示空间。全面落实河长制，完善大运河保护实施机制。

积极拓展大运河遗产保护内容。按照遗产类、挖掘类、环境类、水系类、文创类等5种类别，区分轻重缓急，分类推进。深入挖掘与大运河相关的沉船、古建筑、古遗址、历史村镇以及相关联的环境景观等各类遗产，健全大运河遗产管理与展示体系，处理好遗产保护与旅游开发的关系。

积极推动历史水系恢复。加强历史河道与码头的考古勘探工作，通过景观营造、意向展示、地面标识等多种方式，因地制宜、科学再现明清通惠河、玉带河、北运河故道、石坝码头、上码头、下码头、土坝码头、中码头、里二泗码头等，全面展示完整的大运河历史水网和古码头群。

2. 因地制宜，分类实施三座古城保护

整体提升通州古城的历史文化价值认知，结合城市修补、生态修复，积极推动通州古城保护。完整保护通州古城历史空间格局，继续深入发掘历史遗存，结合历史景观的恢复性修建、历史遗存的合理利用及公共空间的精心营造，全面展示古城整体价值。恢复历史水系、营造主题景观、塑造文化节点，着重勾勒由通州古城墙、古城门和护城河等构成的船形历史城廓。整体保护十八个半截胡同空间肌理与历史风貌，同步改善人居环境品质。完整保护三庙一塔历史景观，重点强化燃灯塔景观的标志性，加强周边地区空间管控，严格保护天际线，对现状影响观塔视廊的建筑予以拆除或降层，营造良好的观塔视廊，再现"一支塔影认通州"的历史画卷。

建设路县故城考古遗址公园，加强考古发掘、历史研究与保护展示，采用最先进的设计理念，呈现考古发掘现场，提高公众历史认知，提供高品质文化交流场所，丰富公众文化体验，提升城市副中心文化活力与内涵，创建历史文化展示窗口。

加强张家湾古镇的保护与利用，丰富文化内涵，推动文化复兴。镇区内通过空间织补恢复历史风貌，结合张家湾镇城墙遗迹、通运桥保护及下码头恢复，建设遗址公园。镇区外加强张家湾镇村（史称长店村）整体保护，保护村庄肌理及历史文化遗存，挖掘历史信息，留住历史印记，精心设计体现历史风貌特色的建筑细节、公共空间和街道家具。结合琉球国墓的保护，展现明清外交盛景的历史场所。积极引入设计大师和优秀团队，高标准规划设计，再现运河古镇的特色风貌。

第 24 条　实现一道多点全面保护

1. 深入挖掘古道文化，构建串连古今的区域文化廊道

传承燕山南麓大道文化内涵，延展长安街空间格局，形成串连主副、古今交融的京津冀文化廊道。开展对秦驰道、清御道的考古调查，挖掘历史价值，提取文化要素，强化沿线景观设计，充分展现两条古道的历史文化内涵，全面阐释通州之通。

2. 加强各类历史文化资源的保护与利用

以更开阔的视角不断挖掘历史文化内涵，拓展和丰富保护对象，做到应保尽保。加强文物保护，全面开展文物保护区划划定工作。加强优秀近现代建筑保护，活化利用工业遗产，确定保护名录，划定保护范围。传承红色革命文化，完整保护平津战役指挥部旧址、通州兵营旧址、通州起义指挥部等红色纪念地。逐步完善地下文物埋藏区划定工作，全面保护地下文物。突出运河沿岸村落特色，保持好传统风貌，深入挖掘非物质文化遗产，彰显地域文化魅力。创新保护利用方式，将历史文化资源保护与现代城市公共文化设施和公共空间建设有机结合。

城市副中心现存世界文化遗产 1 处，全国重点文物保护单位 2 处，北京市文物保护单位 5 处，区级文物保护单位 27 处（通州区 44 处）。

第 25 条　促进多元文化融合发展

完善长安街东延长线，塑造沉稳大气的形象气质。突出行政、文化等核心功能，加强空间形态与建筑风貌管控，强化城市街道界面和城市家具设计，建设绿意盎然的林荫大道，重点做好五河交汇处的空间营造，传承通州古韵、融合运河水韵、描绘时代风韵，推动文化共建共享，实现长安街东延长线的精彩收尾。

发挥文化功能区示范引领作用，推动文化产业繁荣。围绕北京环球主题公园及度假区，发展文化交流和旅游休闲产业。围绕宋庄文化创意产业集聚区，培育以当代原创艺术为核心的文化创意产业。围绕台湖演艺小镇，发展创意创作、艺术推广、展演交流等文化创意产业。

建设国际一流的文化设施集群。规划建设剧院、图书馆、博物馆等一批标志性公共文化设施，推动文化设施共建共享，提供优质公共文化资源，丰富文化产品和服务，全方位、系统性提升城市副中心文化生活品质，满足群众多样化多层次精神文化需求。

充分发挥大运河金名片价值。萃取文化精髓，弘扬文化精神。梳理、提炼、统一大运河文化符号与文化标识，精心培育大运河文化品牌形象，强化京津冀内在文化联系，完善文化创意、文化展示等功能，为发展文化旅游产业提供有力支撑。

第四节　塑造京华风范、运河风韵、人文风采、时代风尚的城市风貌

注重城市设计，加强对城市的空间立体性、平面协调性、风貌整体性、文脉延续性等方面的规划和管控。统筹城市建筑布局，协调城市景观风貌，塑造城市地域特色，实现

城市格局协调有序、因形就势,体现京华风范;环境景观蓝绿交织、水光映城,凸显运河风韵;文化艺术传承历史、精致宜人,展现人文风采;建筑风貌与古为新、多元包容,展示时代风尚。

第 26 条　构建城市整体风貌格局

构建重点突出、特色鲜明的风貌格局。突出"一带一轴一环"统领城市空间格局的骨架作用,集中展示城市特色风貌。强化城市景观风貌分级管控,差异化落实建筑风貌、城市色彩、第五立面等管控要求。划定重点地区为一级、二级管控区,进行精细化设计和管控,其他地区作为三级管控区,进行全域覆盖的底线管控。

一级管控区包含五河交汇处、副中心综合交通枢纽地区、行政办公区、城市绿心等重点功能区,按照修建性详细规划进行精细化管控。二级管控区包含一带一轴、设施服务环两侧城市界面和组团中心,按照规划设计导则的所有相关内容进行全面管控。三级管控区包含家园中心和其他地区,应符合各项底线管控要求。

划定六个风貌分区。依据各组团区位条件和主导功能,建设滨河风貌区、行政办公风貌区、历史文化风貌区、环球主题公园风貌区、文化创意风貌区、宜居生活风貌区,展现内涵丰富的城市风貌特色。

第 27 条　建立城市整体高度秩序

建立舒缓有序、格局清晰、通透舒朗的城市高度秩序。划定三类建筑高度分区,构建视景优美、视点可达、视廊通透的城市景观眺望系统,塑造轮廓舒展、韵律起伏的城市天际线。

划定基准高度管控区。注重建筑高度整体协调,明确基准高度管控要求,塑造舒缓有序的整体高度形象。基于城市副中心 15—35 米为主的道路红线宽度,营造舒适宜人的街廓比,兼顾经济性要求,基准建筑高度原则控制在 36 米,基准高度管控区占城市副中心总面积的比例达到 70% 以上。鼓励围合式建筑布局,在街道旁、庭院内种植高大乔木,形成绿树掩映的城市景观,营造连续开放、富有活力的街道空间体验。

划定新老建筑高度协调区。尊重现状建成环境,协调新老建筑高度关系,合理控制新建建筑的高度,通过弹性引导和精细化设计,形成梯度变化,实现平缓过渡,建立整体统一的高度秩序。

划定高层建筑管控区。科学引导高层建筑布局,严格控制超高层建筑的数量和分布,除高层建筑管控区外,原则上不建高楼大厦。注重新建高层建筑与大运河、燃灯塔等自然生态和历史人文景观的协调融合。在运河商务区、副中心综合交通枢纽地区,沿大运河两侧合理布置高层建筑。结合一带一轴、设施服务环、景观大道等重要廊道预留通畅开阔的景观视廊,集中展示城市副中心标志性建筑形象。高层建筑管控区占城市副中心总面积的比例控制在 3% 以内,原则上新建超高层建筑高度不超过 200 米,形成错落有致的城市天际线。

第 28 条　加强城市建设强度管控

统筹考虑现状建设情况,加强规划引导,依据城市空间秩序,以主导功能为统领,以轨道交通为导向,划定规模适度、紧凑集约的强度分区,建立建设强度与建筑高度总体匹配、适度区分的对应关系,加强建筑规模整体管控,制定差异化引导策略,优化土地资源配置。

划定 4 级强度分区。结合轨道交通枢纽周边、组团中心以及有特殊要求地区，划定中高或高强度分区，提高土地集约利用效率。结合通风廊道、生态空间、历史文化保护区，划定低强度分区，严格控制建筑规模。其他地区划定为中强度分区。

细化强度管控要求。明确强度分区内各类用地的控制要求，以街区为核算单元分解落实建设总量，建立建设强度转移优化提升挂钩机制，促进公共空间和公共设施建设。鼓励建筑围合式布局、增强街道活力。

第 29 条　加强建筑风貌、城市色彩与第五立面管控

塑造古今交融、简约包容的建筑风貌。传承中华建筑文化基因，汲取国际先进设计理念，追求建筑艺术，体现中国风格、地域风貌。积极推广绿色建筑、使用绿色建材，严谨细致做好建筑设计，不能到处是水泥森林和玻璃盒子。加强与现状建筑和历史建筑的协调统一，形成融于自然、简洁大方、端正大气、具有东方神韵和现代气息的"新而中"建筑风格。塑造比例均衡、尺度宜人的建筑体量和富有变化的建筑形态，形成协调统一、开放共享的建筑界面。城市副中心新建建筑全部执行二星级以上绿色建筑标准，到 2035 年三星级绿色建筑占新建建筑比例达到 50% 以上。

确立水彩清韵、朴雅相融的城市色彩主题。汲取历史文化基因，吸收地域文化特色，彰显时代风貌特征，形成"蓝绿交织底，银河串古今，半城温暖半城清"的城市色彩意象。划定城市色彩分区，规范色彩使用，实现统一中富有变化，韵律中蕴含活力。

塑造整洁有序、错落有致的城市第五立面。统筹考虑城市肌理、建筑高度和建筑轮廓，营造与蓝绿空间和谐相融、与传统文化交相辉映、具有高度可识别性的城市第五立面。划定第五立面分区，对屋顶形式、材料、颜色和设施设备进行精细管控，优化美化绿化建筑第五立面。重点管控生态文明带、创新发展轴和设施服务环两侧区域，构建形态色彩整体和谐统一的城市空间界面和轮廓线。

第 30 条　加强城市公共空间管控

构建功能明确、连续贯通的公共空间体系。划定公共空间分区，分为功能综合、自然生态、休憩游玩、休闲活动、精品景观、景观礼仪 6 种类型，加强分类引导与管控，提升城市魅力与活力。提高公共空间的开放性与连续性，实现绿道网络、公共设施与公共空间的串连融合，让人民群众看得见、用得上、用得好。

大幅增加公共空间总量。深挖空间资源，将高架桥下、废弃铁路两侧等闲置空间转变为绿色活力空间，鼓励开放封闭公共空间和公共建筑底层空间，加强地上地下公共空间纵向联通和统筹利用。

塑造高品质、人性化的公共空间。对公共空间各要素进行精细化设计，提高艺术水平，增强城市魅力，加强公共空间复合利用，丰富文化体验。依托大型公共空间策划节日庆典、演唱会等文化展示与表演活动，鼓励公共空间与城市体育、文化设施融合利用，充分考虑不同人群的使用需求，建设生活方便、尺度宜人、充满活力的公共空间。

第四章

坚持绿色低碳发展，建设未来没有"城市病"的城区

坚持以人民为中心的发展思想，突出生态优先、绿色发展。打造立体复合的设施服务环、构建以人为本的综合交通体系、建立绿色低碳和节水节能的市政基础设施体系、完善公平普惠的民生服务体系、形成多元共治的环境综合治理体系、健全坚韧稳固的公共安全体系、建设智能融合的智慧城市，实现城市副中心更高质量、更有效率、更加公平、更可持续的发展，为有效治理"城市病"作出示范。

第一节 打造国际一流的设施服务环

全面提升城市综合承载能力与运行效率，系统整合城市公共服务和基础设施，建设具有国际前沿科技水平、展现中国制造自主创新能力、体现人民生活幸福乐享的设施服务环，形成城市永续发展的核心基础骨架。

第 31 条 系统整合地上公共服务和地下基础设施

因地制宜建设一条功能复合、布局均衡、地上地下空间一体的设施服务环，全长约 36.5 公里。科学划定设施服务环一体化管控区，加强设施服务环沿线地上地下空间的有效管控，统筹规划、灵活实施、远近结合，为后续建设预留充足条件。

有效串连地上公共服务。建设连续贯通的环形绿带和慢行系统，灵活控制环形绿带宽度，强化公共空间设计，有效串连组团和家园中心，实现商业、文化、教育、体育、医疗、养老等公共服务的有机衔接和充分共享。

高效集成地下基础设施。统筹建设轨道交通、综合管廊等环形干线系统，贴建、共建隐性市政设施、多级雨水控制与利用设施、应急避难设施和地下储能调峰设施等各类市政设施。依托轨道交通环线串连组团中心、家园中心等地上公共服务节点，鼓励轨道车站采用阳光厅＋无缝换乘等方式，加强轨道车站周边一体化建设，提升土地复合利用水平、提高土地利用效率。

第二节 构建以人为本的综合交通体系

坚持公交优先、绿色出行，满足通勤需求，强化公共交通对城市空间优化和功能提升的引导作用，抓好交通运行管理，实现不依赖小汽车就能便捷出行。全面提升交通支撑能力，加强交通设施复合利用，提高出行品质和效率。

第 32 条 构建舒适便捷的小街区、密路网

建立城市干道、街区道路两级路网体系，实现路网密、节点通、快慢有序。城市干道重点保障交通功能，红线宽度 40—60 米，加强南北向交通联系，形成"十一横九纵"布局结构。街区道路重点满足生活出行，红线宽度 15—35 米，街区道路比重达到 70% 以上。新建住宅推广街区制，原则上不再建设封闭住宅小区，老城区逐步打通封闭大院内部市政道路，到 2035 年城市副中心道路网密度达到 8 公里／平方公里以上，新建集中建设区达到 10 公里／平方公里。

建设尺度宜人的街道空间。按照步行＞自行车＞公共交通＞小汽车的次序分配街道空间，优化街道横断面，优先保障步行和自行车路权，实现道路红线内人行道、自行车道和绿色空间比重大于 50%。

划定路缘石线到建筑退线的街道一体化设计管控区，加强对道路红线内外空间统筹管控，严格管控沿街建筑界面，协调布局交通市政设施，精细化设计街道家具，保障无障碍系统连通。加强道路绿化植树，严格限制使用护栏等物理隔离。

第 33 条 建设高标准、绿色智能的公交都市

倡导绿色出行，构建公交＋自行车＋步行的出行模式，到 2035 年城市副中心绿色出行比例达到 80% 以上，内部通勤时间控制在 30 分钟以内。

轨道交通引导城市发展。构建环形＋放射的轨道交通网

络，到2035年城市副中心轨道交通线网密度达到1.1—1.2公里/平方公里。加强轨道交通与城市功能的耦合，适当提高轨道车站周边地区的开发强度和混合用地比例，实现轨道车站500米半径范围覆盖63%的就业岗位和47%的居住人口，居住区与重点功能区之间轨道一次换乘即可到达，部分轨道交通车站预留同台换乘或越线运营等多种组织方式的条件，满足乘客多样化出行需求。划定轨道车站地上地下一体化管控区，提高一体化开发建设和接驳换乘水平，营造舒适有序的步行和自行车接驳环境。

地面公交与轨道交通形成良性互补、错位服务。规划布局干线、支线两级地面公交网络。干线服务城市副中心对外出行，提高轨道交通覆盖盲区的公交服务水平，构建快速公交走廊。支线服务城市副中心内部出行，灵活设置线路，站点深入社区，做好与轨道车站的接驳。利用智能交通技术，实现智慧调度、智能服务、车路协同，提高综合运行效率。

建设步行和自行车友好的城区。优化步行环境，构建连续舒适的林荫路步行系统，到2035年城市副中心人行道和非机动车道绿荫率达到80%以上。精细化设计道路交叉口，缩短行人过街距离。在人流密集地区建设立体步行系统，实现人车分行。构建连续安全的骑行系统，依托干线绿道建设自行车专用道，到2035年城市副中心自行车道里程达到2300公里左右。

建设智能交通系统。构建实时感知、监测、预警、决策、管理和控制的智能交通体系框架，以物联感应、移动互联、人工智能等技术为支撑，实现交通建设、运行、服务、监管全链条信息化和智能化。实现人车路协同一体、实时交互和信息共享，保障交通安全，提升道路通行效率。实现"出行即服务"，让居民出行更便捷，选择更多样，体验更舒适。充分考虑未来科技发展趋势，为智能驾驶、智能物流等新兴技术预留实施条件。

强化交通节能减排。有序推动公交车辆、公务车辆、新增社会车辆使用清洁能源，合理配置建设充电桩、加气站等配套设施，未来全面实现机动车新能源、清洁能源化。

第34条　构建以公共交通为主导的多层次对外交通系统

发挥城市副中心交通枢纽门户作用。依托京唐（滨）城际铁路和城际铁路联络线，在京津冀地区构建与河北雄安新区、区域性中心城市及枢纽机场之间直连直通的城际铁路网络，实现城市副中心1小时直达河北雄安新区，15分钟直达北京首都国际机场，35分钟直达北京大兴国际机场。

加强城市副中心与中心城区、廊坊北三县地区之间的交通联系。优化中心城区与廊坊北三县地区之间的出行结构，以速度快、站距大的城际铁路、区域快线等方式满足出行需求。加强中心城区与城市副中心之间的交通联系，形成以轨道交通为主、地面公交为辅的公交体系，建设两条地铁快线、三条地铁普线、一条市郊铁路，在广渠路和朝阳路开行大容量快速公交（BRT）。有序推进城市副中心与廊坊北三县地区的互联互通，形成以轨道交通和地面公交为主导的交通体系，加强规划控制，预留轨道交通连通条件。

提高城市副中心对东部各区的交通辐射能力。加强南北向交通联系，建设城际铁路联络线、M21线（原区域快线S6线）和M22线（平谷线）。完善对外道路系统，设置快速公交走廊，实现城市副中心与密云、怀柔、平谷、顺义、亦庄、大兴主要产业功能节点的快速便捷连接，引导东部各区的功能分工协作和良性互动发展。

优化过境交通组织。采用道路降级、线位调整、入地改造等措施，弱化城市副中心过境通道功能，将过境交通疏导至外围高速公路、快速路系统。加快城市副中心境内六环路部分路段入地改造，通过货运交通外移、客运交通入地，有效缝合城市空间，同步推动六环公园建设，做好精细化设计，加强安全、环保、交通、景观、运营、成本等方面的论证工作。充分发挥千年之城历史性工程的示范带动作用，打造一份独特城市遗产，体现城市副中心建设的决心。

第35条　建立差别化的交通需求和停车管理体系

实行小客车拥有和使用双控。综合利用法律、经济、科技、行政等措施，分区制定拥车、用车管理策略。

适度满足居住停车需求。老城区采用共享车位、适量施划路内停车位、建设公共停车场等方式缓解居住停车压力，新建区以建筑物配建停车位为主。

从严控制出行停车需求。降低出行车位配建标准，将公共建筑类机动车停车配建标准由下限控制转变为上限控制。

坚持挖潜、建设、管理、执法并举，构建科学合理的停车管理体系。鼓励公共停车场与其他用地的复合利用，利用智能科技手段提升停车位使用效率。提高公共停车场内共享汽车车位配置比例，制定车位共享政策，搭建共享车位数据平台，逐步推动个人或单位停车位有偿错时共享。全面整治停车环境，严格管理路内停车。医院、学校、交通客运枢纽及其他客流集中的公共场所，在用地内设置上下客、装卸货区域。

第三节　建立绿色低碳和节水节能的市政基础设施体系

坚持绿色生态，加强前沿技术应用和机制创新，推进设施融合发展和资源循环利用，适度超前构建智能高效、安全可靠的市政基础设施体系，提升城市运行保障水平。

第36条　建设绿色、智能、安全的资源保障体系

加强多源多向的水源供给保障。坚持节水优先，实行最严格水资源管理制度，促进生产和生活全方位节水，到2035年达到国际先进水平。实现工业用新水零增长，生态环境、市政杂用优先使用再生水、雨洪水，不搞大水漫灌，加强水资源高效利用，全面推进节水型社会建设，努力打造节水示范城市。落实以水定城、以水定地、以水定人、以水定产，到2035年通州区年用水总量控制在4.35亿立方米以内。加强水资源的市场化配置，到2035年城市副中心及通州区公共供水普及率达到100%。

强化绿色智能的能源保障。优化区域能源结构，严控能源消费总量。大力发展以电力和天然气为主，地热能、太阳能等为辅的绿色低碳能源，有效降低区域碳排放，到2035年城市副中心及通州区可再生能源比重达到20%以上。进一步提高能源保障能力，完善电网结构和燃气输配系统，到2035年城市副中心供电可靠率达到99.999%（户均年停电时间5分钟），通州区达到99.998%（户均年停电时间10分钟），城市副中心居民天然气气化率达到100%，通州区达到95%。建设智慧能源云平台，实现发电、供热、制冷、储能联合调配，提高能源智能高效利用水平。

第37条　建设功能复合、空间融合的新型市政基础设施

推进设施融合发展。强化市政专业整合、用地功能复合、空间环境融合，引导市政设施隐形化、地下化、一体化建设，促进市政设施集约高效利用。推进新型市政资源循环利用中心建设，集成污水净化、能源供应、垃圾处理等功能，同时兼顾城市景观、综合服务、休闲游憩等需求，降低

邻避效应，提升城市资源循环利用水平。

科学构建综合管廊体系。依托设施服务环、轨道交通、重点功能区建设，构建综合管廊主干系统。结合老城更新、棚户区改造等项目，因地制宜补充完善综合管廊建设。到2035年城市副中心建成综合管廊长度达到100—150公里，形成安全高效、功能完备的综合管廊体系。

第四节 完善公平普惠的民生服务体系

满足人民日益增长的美好生活需要，主动适应人口结构变化，构建高质量的公共服务和多元化的住房保障体系，推进非基本公共服务市场化改革，提高民生保障和服务供给水平，增强人民群众获得感、幸福感、安全感。针对更新改造、城乡统筹、创新示范三类组团特点，因地制宜配置公共服务设施，构建公平普惠的民生服务体系。建立以家园为单元的城市管理服务体系，推动家园中心作为公众参与城市治理的平台，结合家园划分优化街道办事处行政管理边界，提高城市网格化管理水平，实现街道办事处管理与家园规划建设的融合。

第38条 提供基本民生服务保障

坚持幼有所育、学有所教，建立优质均衡、公平开放的基础教育体系。增加学前教育资源，完善义务教育和高中阶段教育体系，全面实施素质教育。保障特殊人群受教育权利。城市副中心各组团引入优质学校，引领形成教育集团品牌，拓展区补充完善优质基础教育设施，推动通州区基础教育水平的整体提升。加快老城区等基础教育设施欠缺地区的实施推进工作，重点补充小学、托幼短板。到2035年城市副中心基础教育设施千人用地面积达到2992平方米，通州区达到3068—3336平方米。依托中国人民大学新校区等优质高等教育资源，为城市副中心人才培养、科技创新、文化建设等方面提供支撑。

坚持病有所医，建立覆盖城乡、服务均等的医疗服务体系。建立常规医疗、中间性医疗、公共卫生三大医疗设施系统。提高院前医疗急救能力，强化康复、护理和基层医疗功能，推动急慢分离、分级诊疗，将社区医疗服务中心纳入一刻钟社区服务圈建设，结合社区医疗服务中心规划建设急救工作站，为居民提供优质便捷的基层医疗服务。支持发展健康产业，为社会办医适当预留发展空间。到2035年城市副中心千人医疗卫生机构床位数力争达到7.7张，通州区达到7.25张。

坚持老有所养、弱有所扶，建立医养结合、精准服务的养老助残体系。全面建成以居家为基础、社区为依托、机构为补充、医养相结合的养老服务体系。重点提高居家和社区养老服务保障能力，鼓励养老服务事业与产业协同推进，拓展区适度建设一批高品质、复合型的养老机构，整体提升通州区养老服务水平，到2035年城市副中心及通州区千人养老机构床位数达到9.5张。完善助残服务体系，在每个家园中心规划1处社区助残服务设施，推动无障碍设施全覆盖，为残障人士提供温馨便捷的服务。鼓励养老设施、公益性福利设施和医疗设施临近设置，共享共建。

坚持住有所居、居有所安，完善租购并举的住房体系。健全多主体供给、多渠道保障、租购并举的住房制度。坚持"房子是用来住的，不是用来炒的"定位，不搞大规模房地产开发，保持房价平稳、合理、可控，适当提高以公租房为主的保障性住房和以共有产权房为主的政策性住房的比例，制定精准的政策保障措施，满足中心城区疏解人员的安居需求。加强住房租赁市场的管控和引导，在重点功能区周边混合配置公寓，整合周边乡镇用地资源，动态调节住房供给，实现城市副中心住房供需平衡、职住就近平衡。

建立智慧高效、安全快捷的现代物流体系。构建由物流基地、配送中心、末端配送点组成的三级城乡公共物流配送设施体系。在廊坊北三县地区结合高速公路和货运铁路设置东部地区物流基地，与马驹桥物流基地和平谷马坊物流基地实现分工合作、功能互补。在拓展区建设宋庄、潞县2个配送中心，在城市副中心内结合轨道交通车辆基地预留2个城市配送中心。在城市副中心内按照1公里的服务半径，均衡布局末端配送点。利用设施服务环建立地下物流配送干线系统，同步完善地面物流系统。推动智能快件箱（信包箱）、快递货物集散站等物流服务终端设施建设，形成地下地上互为补充、规范有序、高效集约、绿色智慧的配送网络。完善邮政普遍服务体系，鼓励邮政设施与物流配送设施共享共建。

建立坚强可靠的警务、消防设施体系。高标准推进各类警务基础设施建设，鼓励派出所、警务站与家园中心结合设置，强化重点区域安全保障，提高城市网格化管理水平，形成反应迅速、机动灵活的基层防控处置力量。合理安排消防设施布局，鼓励消防设施与急救中心临近设置，推进消防站建设，实现消防队5分钟出勤全覆盖。

第39条 满足人民群众丰富多彩的公共服务生活需求

建立供给丰富、均衡高效的现代公共文化服务体系。扩大公共文化服务有效供给，建设一批国际一流的高品质文化设施，构建市级、区级、组团级、家园级四级公共文化服务设施体系。鼓励学校、企事业单位文化设施向社会开放，实现农村、城市社区文化服务互联互通。结合一刻钟社区服务圈均衡设置基层公共文化设施，实现基本公共文化服务标准化、均等化和数字化，更好满足居民多层次的文化生活需求。到2035年城市副中心及通州区人均公共文化服务设施建筑面积达到0.45平方米。

建立体系完善、惠及大众的全民健身公共服务体系。建设市级、特色、区级等大型体育设施，兼顾竞技体育与全民健身的需求，引进国内外高端体育赛事。加强组团级、家园级基层体育设施建设，促进老城区体育设施升级改造、完善功能设置、丰富项目种类，方便老城区居民体育锻炼。推动学校、企事业单位体育设施向社会开放，鼓励体育设施与其他公共服务设施共建共享，鼓励公园绿地、滨水空间及其他开敞空间提供体育健身服务功能，营造全民健身、共享健康生活的良好氛围。到2035年城市副中心人均公共体育用地面积达到0.7平方米，拓展区每个乡镇至少拥有1处全民健身中心。

构建复合完善、优质便捷的生活性服务业体系。提高生活性服务业的品质，促进供给端和需求端精准对接，推进生活性服务业向规范化、连锁化、智能化发展，满足人民群众便利性、多样性生活需要。重点完善社区生活服务，在社区中设置蔬菜零售、便利店、早餐、快递、便民维修、家政服务、美容美发、洗染等基本便民商业服务。鼓励建设集蔬菜零售、便利店、家政等多种社区生活规范服务功能于一体的商业服务综合体。鼓励运用现代科技手段推动生活性服务业发展，支持发展无人便利店等零售新模式。鼓励发展特色综合服务，加强生活性服务业与文化、科技的有机结合，推动发展体验服务、共享服务。

第40条 鼓励公共服务设施功能兼容和复合利用

除基础教育、医疗等独立性较强的设施外，体育、文化、绿地、末端物流和邮政网点等公共服务设施应尽可能兼容设置，促进土地集约高效利用，增强公共服务设施的活力和适应性。鼓励公共服务设施采用深度一级开发模式，统一规划、统一实施、统一管理，研究制定准入、置换和退出机制。建立不同公共服务设施之间的分时、分区共享机制。

第五节　形成多元共治的环境综合治理体系

把污染防治放在突出位置，坚持源头减排、过程管控与末端治理相结合，以打赢蓝天保卫战为重点，深入实施蓝天保卫战三年行动计划和水、土壤污染防治行动计划，持续改善环境质量。用最严格制度最严密法治保护生态环境，强化政府、企业、社会共治，大力推动生态文明建设，有效防范生态环境风险，提供更多优质生态产品，不断满足人民日益增长的优美生态环境需要。

第41条　全力攻坚大气污染治理

综合施策，全面降低污染排放，到2035年城市副中心及通州区大气环境质量得到根本改善，基本消除重污染天气。构建以电力和天然气为主，地热能、太阳能等为辅的绿色低碳能源，提高可再生能源比重，燃气锅炉全部实现超低氮燃烧。严格控制机动车总量和使用强度，划定并不断优化"低排区"，限制高排放载货汽车和非道路移动机械使用，推动交通领域污染减排。率先建立涵盖环境准入、过程管理和排放控制的挥发性有机物管理体系，开展餐饮、清洗、印刷等服务业挥发性有机物的综合治理。加强扬尘精细化管理，实施最严格的扬尘污染控制措施。

第42条　系统推进水环境质量改善

建立全流域水污染综合防治体系，建立乡镇排污口清单和动态更新机制，完善污水处理设施和污水收集管线建设，规划扩建碧水、河东及张家湾资源循环利用中心，新建减河北资源循环利用中心，总污水（再生水）处理规模约49万立方米/日，实现区域污水处理设施全覆盖、污水全收集全处理。加强水生态治理、修复与保护，消除黑臭水体，恢复河道生态功能，提升流域水环境质量，改变九河下梢污水汇聚局面。深化水污染防治机制，持续实施乡镇间的水环境跨界断面补偿制度，落实乡镇政府属地责任。严格饮用水源保护，定期开展乡镇集中式饮用水水源地环境状况评估，完成农村饮用水水源保护范围划定。到2035年城市副中心及通州区地表水水质达到国家考核要求，水生态系统基本恢复。

第43条　严守土壤环境安全底线

开展土壤环境调查监测，全面开展土壤污染状况详查，建立环境污染信息数据库，进一步摸清土壤环境状况。建立土壤环境监测网络，每年开展土壤环境例行监测。实施污染地块治理修复，对污染行业工业用地减量腾退后的土壤环境开展调查、监测和评估。建立污染地块再开发利用的调查评估制度，充分考虑污染地块环境风险，合理确定土地用途。严格用地准入，防范人居环境风险。严格实施再开发、安全利用的管理。对原东方化工厂所在区域开展土壤治理修复和风险管控，保障城市绿心用地安全。严格控制面源污染，大力减少农药化肥使用，推广使用有机肥料，优先采用生态的手段防治植物病虫害，减少对土壤环境的影响。

第44条　提高固体废弃物处理处置能力

完善生活垃圾收运及处理处置体系，强化生活垃圾分类投放、分类收集及处理，健全再生资源回收体系网络，提高废弃物回收效率和水平，促进垃圾减量化、无害化和资源化，到 2035 年城市副中心生活垃圾分类收集覆盖率和无害化处理率达到 100%，生活垃圾回收利用率达到 45%。综合处理污泥、餐厨、粪便等有机垃圾。加强环卫系统信息化建设，促进垃圾分类科技化发展，建设智慧环卫系统，提升环境卫生精细化管理服务水平。加强危险废物和医疗废物全过程管理和无害化处置能力建设，加大工业固体废物污染防治力度。

第六节 健全坚韧稳固的公共安全体系

牢固树立和贯彻落实总体国家安全观，以建设韧性城市为目标，贯彻以防为主、防灾减灾与应急救灾相结合的方针，以城市安全运行、灾害预防、减灾救灾、公共安全、综合应急等体系建设为重点，创新体制机制和技术标准，高标准规划建设防灾减灾基础设施，全面提升监测预警、预防救援、应急处置、危机管理等综合防范能力。

第 45 条 强化城市安全风险管理

运用智慧防灾、层级设防、区域协同策略，构筑安全韧性的城市运行保障体系。用最严谨的标准、最严格的监管、最严厉的处罚、最严肃的问责，建立科学完善的食品药品安全治理体系。加强城乡公共卫生设施建设和制度建设，严防生物灾害和疫病疫情发生。加强信息智能等技术应用，构建全时全域、多维数据融合的城市安全监控系统。高标准建设智能化社会治安防控体系，加强治安协同防控，提升突发事件应对能力。落实消防安全责任制，坚决预防和遏制重特大火灾事故。加强电信网、广播电视网、互联网等基础网络的安全监管与保障，建立城市智能信息容灾备份系统。强化水、电、气、热、交通等城市基础设施保护与运行监测，推进生命线系统预警控制自动化。全过程智能监管危险化学品的运输、储存。健全京津冀突发事件协同应对和联合指挥机制、应急资源合作共享机制，带动提升京津冀安全保障能力。

第 46 条 构筑城市综合应急体系

完善应急指挥体系。加强灾害监测和预警、综合接警和综合保障能力，建立市场监管、应急管理、环境保护、治安防控、消防安全、道路交通等部门公共数据资源共享、整体联动机制。

构建城市防灾空间格局。以道路、绿地、河流为界划分防灾分区，完善开敞空间和道路交通体系，保障应急避难与救援疏散需求。结合公园绿地、体育场馆、学校等旷地、地下空间及城市副中心外围绿色空间规划应急避难场所，到 2035 年城市副中心人均紧急避难场所用地面积不小于 2 平方米，人均固定避难场所和中心避难场所用地面积不小于 3 平方米。规划四横四纵的救灾干道系统，有效宽度不低于 15 米，疏散主通道有效宽度不低于 7 米，疏散次通道有效宽度不低于 4 米。地下道路、综合管廊等重大基础设施应配建专用救援设施。

建设应急救灾物资储备系统。依托人防工程，推动军民融合，构建地下空间主动防灾体系。结合固定避难场所、人防设施设置救灾物资储备库。鼓励依托商业网点代储应急物资，形成完备的救灾物资、生活必需品、医药物资和能源储备物资供应系统。

加强工程建设抗震设防管理与监督。城市副中心抗震基本设防烈度Ⅷ度，学校、医院、生命线系统等关键设施以及避难建筑、应急指挥中心等城市要害系统提高一度采取抗震措施和确定地震作用，并采取减隔震抗震技术。其他重大工程依据地震安全性评价结果进行抗震设防。

采取有效措施应对不良地质条件。开展地质灾害综合评估，采取综合措施提前防范、有效应对不良地质条件。在活动断裂带和有地裂缝迹象的地区，原则上不进行大型工程建设，必须穿越活动断裂的线性工程应采取有效工程措施。

第47条　加强军事设施保护，提升人防工程建设水平

加强对军事、涉密设施和重要国家机关的安全保护。落实电磁环境、空域、建筑控高等空间管控和安全保障要求。周边建设项目立项规划前应做好对军事设施影响的先期评估。建立军地沟通协同、项目审批、联合监督等机制，深化军民融合发展。

提升人防工程建设水平。坚持平时与战时相结合、地上与地下相结合、人民防空与城市应急管理相结合、人防设施与城市基础设施相结合，实现军民兼用。

第七节　建设智能融合的智慧城市

坚持数字城市与现实城市同步规划建设，适度超前布局智能基础设施，建立城市智能运行模式和治理体系，搭建数字共享、人民共创、全局全时的智慧城市服务体系，建设世界智慧城市典范。

第48条　构建以数字孪生城市为基础的新型智慧城市模式

通过现实城市的信息化改造，同步建设"一网、一脑、一平台"的数字孪生城市。在城市空间数据基础上，叠加互联网、物联网等多维度实时数据，全息描述城市运行状态，用算法高效驱动和管理城市运营，实现城市资源要素智能优化配置。

构建智慧城市标准体系。借鉴国际智慧城市评价标准，充分考虑城市副中心的建设条件，逐步建立完善物联感知技术、网络通信技术、数据接口、安全保障等标准，提升城市规划、建设、管理的智能化水平。

建设万物互联的城市感知网络。加快推动云计算、大数据、物联网和下一代互联网等新技术开发利用，充分利用设施服务环、综合管廊等基础设施和地下空间建设契机，适度超前建设城市信息基础设施。推进OTN高速骨干网、宽带光纤网和5G移动网络建设，打造立体通达、多网协同的泛在无线网络。广泛布设复合型智能灯杆、地下管线监测、智能停车场、智能楼宇等感知设施，形成"万物互联、人机交互、天地一体"的数字城市神经网络，动态监测和实时感知城市运行状态。

建设智能高效的城市大脑。推动城市大脑成为数字城市运行的智慧管理中枢组成部分，加强城市运行状态的全局分析，对各类城市事件进行实时数据建模，通过机器学习、深度学习、仿真推演为城市发展预测和决策提供全过程支持，提升城市运行管控水平。

建设数据集成共享的基础支撑平台。开展时空大数据工程建设，在保障数据安全的基础上，全面整合分散在各部门的城市运行数据，构建全量数据资源目录、大数据信用体系和数据资源开放共享管理体系，实现数据信息共享和深度应用。有机融合地理信息系统（GIS）与建筑信息系统（BIM），搭建城市数据模型系统（CIM），为城市大脑进行仿真推演、发展预测、决策分析等提供数据支撑平台。

第49条　建设服务优先、开放共享的智慧城市应用体系

搭建人民生活便利、政务服务高效、营商环境优良的智

慧城市服务体系。搭建普惠精准、定制服务的智能公共服务系统，重点推广"北京通"，实现便民服务一号通。建设面向政府机构、社会组织、人民群众的数字政府，加快时空大数据平台、城市运营中心、数据中心等智能治理示范工程建设，实现智慧政务一网通。建立企业与个人数据账户，探索建立全数字化的诚信体系，应用数字技术做好企业服务，提升智能化管理和服务水平。

建立城市发展推演机制，提升科学决策能力。采用人工智能的深度学习、计算机博弈、自主智能等技术，针对城市发展的人口、用地、自然资源、公共服务、产业经济等关键问题进行推演，提高政府决策能力。

建立虚拟创新平台，提升数字创新能力。按照数字众筹与共享模式搭建虚拟创新平台，吸引世界顶尖的人工智能与大数据创新科研机构、企业和科学家团体，建立虚拟开放共享实验室和孵化中心，推动形成创新产业链和产业集群。

率先建设一批智慧城市示范项目。在重点功能区、设施服务环、组团中心、家园中心，率先建设智慧城市示范项目，加强科普和科技展示。结合老城区城市修补和生态修复，融入智能楼宇、智能家居、智能交通、数字生活等新技术，建设以人为本、便捷高效的智能社区。

第五章

推动通州区城乡融合发展，建设新型城镇化示范区

充分发挥城市副中心的核心带动作用，处理好与通州区的拓展关系，共同承接中心城区功能和人口疏解。统筹城乡协调发展，推进城乡要素平等交换，构建新型城镇化空间体系，分区分类分级引导小城镇特色化发展，建设美丽乡村，构建和谐共生的城乡关系，形成城乡共同繁荣的良好局面，建设新型城镇化示范区。

第一节 推动城乡统筹协调发展，完善新型城镇化空间体系

第 50 条 形成城市副中心—亦庄新城（通州部分）—镇—新型农村社区的空间体系

发挥城市副中心和亦庄新城（通州部分）的带动作用，承接中心城区产业梯度转移，以城市副中心三大主导功能为引领，促进通州区产业结构调整和公共服务水平提升。以亦庄新城（通州部分）科技创新功能引导科技服务、成果转化等相关产业向周边乡镇延伸，促进产业功能协调发展。

亦庄新城（通州部分）总用地面积约 65 平方公里，其中城乡建设用地约 58 平方公里，规划常住人口规模约 35 万人，规划就业人口规模约 25 万人。按照创新驱动发展的要求，与亦庄新城（大兴部分）紧密对接，做好科技成果转化和配套服务。

建设新市镇与特色小城镇，服务城市副中心发展，带动本地新型城镇化。与城市副中心同步规划、统筹发展。以镇中心区为主要空间载体，吸纳本地就业，统筹周边农村发展。制定分区指导、分类推动、分级管控的新型城镇化发展策略，严禁大规模开发房地产。

乡镇地区总用地面积约 686 平方公里，其中城乡建设用地面积约 117 平方公里（含战略留白用地面积约 20 平方公里），市级统筹战略预留地面积约 10 平方公里；规划常住人口规模 35 万—40 万人，规划就业人口约 20 万人。

推进新型农村社区建设，打造美丽乡村。推动城镇公共服务向农村延伸，提升基础设施配置标准，切实改善农村地区生产生活条件。优化乡村空间布局，建设独具地域特征、传承历史文化、彰显生态魅力的美丽乡村，凸显村庄秩序与自然环境的融合协调。

第 51 条 塑造和谐共融的城乡空间形态

建设高质量的大尺度绿色空间，围绕绿色空间布局城镇建设组团，塑造水绿交融、田园镶嵌、镇村融合发展的典范地区。以大运河为骨架建设贯穿通州全域的生态文明带，在城镇组团间建设大尺度绿色空间，加强耕地数量、质量、生态三位一体保护，建设一批高水平、高质量的公园及大地景观作品。和谐宜居的城区、各具特色的小城镇和生态宜居的美丽乡村相互支撑，景观优美、功能丰富的大尺度绿色空间穿插其中，形成众星拱月、相得益彰的城乡空间秩序。

第 52 条 有序推进集体产业用地和宅基地减量提质

坚持拆除违建、修复生态、提升产业、整理村庄。集体产业用地按照"拆 10 还 2 绿 8"的统一政策统筹推进减量提质。推动集体经济组织发展壮大，提高农民收益，维护合法权益。积极探索农村宅基地节约集约利用的有效路径，完善实施模式，制定配套政策，规范居住标准，有序引导宅基地减量升级。

第 53 条 构建城乡一体化的公共服务设施和基础设施体系

坚持城市教育、医疗、文化等公共服务向镇区延伸，推进农村社区服务体系建设。参照城市社区标准，完善镇区配置学校、卫生院、敬老院、基层综合性文化服务中心、运动健身场地等。提高公共服务质量和服务半径，构建舒适便捷的镇村生活圈。

大幅提升镇村交通及市政基础设施服务水平。完善城乡公路网络，因地制宜建设公交专用道、大容量快速公交、中低运量轨道交通等多样化的公交走廊，高标准推进"四好农村路"建设，进一步提升农村客运服务水平。疏导过境交通，净化镇村交通环境，逐步引导镇村慢行系统建设。推动农村基础设施建设提档升级，推进"厕所革命"，全面提升镇村供水保障能力、排水和污水处理水平，积极推动垃圾分类和资源化利用，实现城乡基础设施共建共享。

第二节 创新城镇化发展模式，建设各具特色的小城镇

第54条 协调推进小城镇和新市镇建设

分类引导小城镇发展。加强宋庄、张家湾、马驹桥、潞城和台湖镇规划引导，重点在城市副中心周边划定面积约125平方公里的城乡结合部管控区，大幅扩大绿色空间规模，避免出现城乡结合部管理失控的问题。合理引导漷县、西集和于家务3个乡镇自主城镇化发展，挖掘本地资源优势，加强绿色生态保护，建立具有地域特色的绿色产业体系，有序推进镇区建设，带动镇区外围村庄改造提升，实现镇村协同发展。

实现小城镇特色化发展。因镇制宜，形成各具特色的产业发展格局。推动建设宋庄艺术创意小城镇、潞城生态智慧小城镇、张家湾文化休闲小城镇、台湖演艺文化小城镇、马驹桥科技服务小城镇、西集生态休闲小城镇、漷县文化健康小城镇和于家务科技农业小城镇。

做好永乐店新市镇的战略预留。近期做好永乐店新市镇的用地资源预留和管控，远期发挥区域交通枢纽的重要作用，强化与大兴采育镇、廊坊市区、天津武清区的协同发展，成为京津发展轴的重要节点。

第55条 加强小城镇风貌特色塑造

加强城镇空间尺度管控，充分展示地域文化，营造特色鲜明、尺度宜人、返璞归真的景观风貌。严格控制小城镇建设规模，营造集约紧凑、生态宜居的人居环境，严禁整体镇域开发。严格管控建筑高度，建筑层数原则上以多层为主，鼓励围合式建筑布局，控制适宜的建设强度。

第三节 实施乡村振兴战略，建设舒朗有致的美丽乡村

第56条 科学编制美丽乡村规划

按照不同的区位条件、资源禀赋和发展基础，因地制宜科学编制村庄规划，分类引导美丽乡村建设。保留自然风貌和历史人文特色突出的村庄，异地迁建生态险村，引导一般村庄适度集并或就地改造。

建设西集、于家务、漷县和永乐店4片乡风浓郁的美丽乡村连片区。强化文化传承，优化村庄格局，加强自然景观塑造，全面完善农村基础设施和公共服务设施，建设绿色低碳田园美、生态宜居村庄美、健康舒适生活美、和谐淳朴人文美的美丽乡村，集中展示通州区乡土特色和田园风光。

第57条 扎实推进美丽乡村建设

壮大农村集体经济，实现城乡共同富裕。巩固和完善农村基本经营制度，创新集体土地利用模式。积极推进宅基地所有权、资格权、使用权"三权"分置，适度放活宅基地

和农民房屋使用权。推动农村产业融合,突出绿色化、优质化、特色化、品牌化发展,因地制宜发展科技种业、科技农业体验、乡村观光休闲旅游等产业。完善利益联结机制,通过带动就业、保底分红、股份合作等多种形式,让农民合理分享增值收益,建设产业兴旺、生态宜居、治理有效的美丽乡村。

坚持乡村观光休闲旅游与美丽乡村建设、都市型现代农业融合发展的思路,推动乡村观光休闲旅游向特色化、专业化、规范化转型。结合不同区域农业产业基础和自然资源禀赋,培育一批环境优雅、食宿舒适、乡风浓郁的优质民俗旅游村,提升旅游服务水平,将乡村地区建设成为提高人民群众幸福感的休闲度假区域。

加强村庄风貌管控,营造环境优美、生态宜居的田园风光。全面开展农村人居环境综合整治,提升乡村规划建设水平,坚持低强度开发,构筑森林、水系、农田、村庄交融相依的生态景象,保持田园风光和本地特色的乡村形态,塑造乡土特色、功能复合的公共空间,防止乡村景观城市化、西洋化,让人民群众望得见山、看得见水、记得住乡愁。

重构乡村治理体系,推进乡村文化复兴,再塑和谐善治的文明乡村。建立健全党委领导、政府负责、社会协同、公众参与、法治保障的现代乡村社会治理体制,完善自治、法治、德治相结合的乡村治理体系,挖掘、继承、创新优秀传统乡土文化,加强乡村公共文化建设,弘扬和践行社会主义核心价值观,培育文明乡风、良好家风、淳朴民风。

第六章

推动城市副中心与廊坊北三县地区统筹发展，建设京津冀区域协同发展示范区

坚持把区域协同发展作为"城市副中心质量"的内生动力，把改革创新作为协同发展的根本动力。坚持"一盘棋"谋划，打破"一亩三分地"思维定式，充分发挥城市副中心示范引领作用，辐射带动廊坊北三县地区协同发展，强化交界地区规划建设管理，实现统一规划、统一政策、统一标准、统一管控。共同推进空间格局、城乡风貌特色、生态环境、综合交通网络、现代化经济体系、城乡公共服务、市政基础设施、防灾减灾体系、政策保障机制等协同发展，推动政策机制创新，提升精细化治理水平，打造区域发展新引擎，建设京津冀区域协同发展示范区。

第一节 建立统一的规划实施机制

发挥城市副中心的辐射带动作用，在产业转型升级、公共服务品质提升、交通互联互通等方面与廊坊北三县地区加强合作、重点突破，促进区域协同发展。在京津冀协同发展领导小组领导下，加强京津冀协同发展领导小组办公室统筹协调作用，制定和实施通州区与廊坊北三县地区协同发展规划，建立通州区与廊坊北三县地区规划建设管控办公会制度，坚持统一规划、统一政策、统一标准、统一管控，加强日常协调和督查落实。

第58条 加强交界地区空间管控和布局引导

坚决遏制贴边发展和无序蔓延。结合行政边界、堤线等要素，共同划定交界地区生态绿带控制线，平均宽度约3公里，面积约206平方公里。优化交界地区用地布局，调整燕郊城区、祁各庄镇、蒋辛屯镇、安平镇等贴边地区发展规模。合理明确城市开发边界，确保生态绿带控制线两侧城市建设用地贴边率控制在50%以内。

推动廊坊北三县地区向纵深紧凑发展。有序推进轨道交通建设，合理布局轨道线路和车站，引导城镇空间簇群式布局。合理引导燕郊城区规划建设，与城市副中心形成良性互动，重点推动三河、香河中心城区及周边地区建设成为定位明确、特色鲜明、职住平衡、规模适度、专业化发展的城镇建设组团。

第59条 严控人口规模和城镇开发强度

严控人口规模。根据疏解北京非首都功能需要，严格落实属地调控责任，有效抑制人口过度集聚，促进人口有序流动。把握好职住关系，提高本地就业率，促进职住平衡发展。

严控城镇开发强度。划定生态控制线和城市开发边界，促进城乡建设用地减量集约发展，核减与重要区域生态廊道冲突的城镇建设组团规模，严禁在交界地区大规模开发房地产。在廊坊北三县地区重要功能组团适度预留战略留白节点。

第60条 携手共建区域生态空间

着力扩大区域环境容量，构建总面积约360平方公里的区域生态空间。保护潮白河流域，重点在潮白河和北运河之间共同建设面积约320平方公里的大尺度生态绿洲，加强生态建设和生态修复，构建包含森林、湿地、水系、农田的复合生态系统，形成京津冀由山到海生态网络中的重要生态节点。共同建设潮白河、北运河、鲍丘河、泃河等多条河道绿廊，研究以水上旅游观光为主的北运河通航方案。积极推进生态环境修复和综合治理，到2035年廊坊北三县地区地表水水质达到国家考核要求。

持之以恒改善区域空气质量。通州区与廊坊北三县地区应采用统一标准，以治理大气中细颗粒物（PM2.5）为重点，合力实施压减燃煤、控车节油、治污减排、清洁降尘，实现区域大气环境质量根本改善。

第61条 塑造协调统一的区域风貌

突出文化传承，彰显地域特色，构建山水林田湖草城村交融的整体空间意象。加强城市设计，强化对建筑风貌、高度、体量、密度、色彩等要素的管控，合理确定廊坊北三县地区的基准建筑高度，严格控制超高层建筑的数量和分布。重点对潮白河和北运河沿岸地区进行精细化设计，形成错落有致的城市天际线。

第二节 建立功能协同的整体格局

第62条 协助廊坊北三县地区产业转型升级，共同承接中心城区功能和人口疏解

坚持协同互补，形成分工明确、层次清晰、协同高效、创新驱动的产业体系。围绕城市副中心主导功能，协同发展商务服务、科技服务、文化旅游、商贸物流、绿色服务五类现代服务业，积极培育区域服务功能，发挥北京科技创新资源优势，辐射带动廊坊北三县地区产业转型升级，积极承担中试孵化、科技成果转化、高端制造、配套服务等外溢功能，推动创新链、产业链、资源链深度融合。调整不符合区域功能定位和生态环境保护要求的产业和用地，优先腾退污染企业、违法建设和低端产业用地。

积极对接北京非首都功能疏解，引导适宜产业向廊坊北三县地区转移，带动相关人口疏解，促进本地就业，实现职住均衡发展。提高廊坊北三县地区对区域的服务保障功能，升级改造传统都市制造业，加快推进区域性物流产业基地建设。依托生态环境优势，积极发展养老、康复、休闲等产业。

第三节 共建协同发展的设施体系

第63条 促进区域公共服务均衡配置

坚持政府引导、市场运作，促进北京公共服务资源向廊坊北三县地区拓展延伸，进一步优化医疗卫生、教育、文化、体育、养老等公共服务设施配置。

第64条 有序推进区域交通互联互通

按照分圈层交通特性，构建多层次、多样化的交通网络，率先破解跨界交通瓶颈，促进交通与城市协调发展。改变现状单纯依托道路的跨界联系方式，优先选择公共交通和轨道交通，通过速度快、站距大的轨道交通，引导廊坊北三县地区城市功能和空间沿主要廊道簇轴式纵深发展。近期逐步转变小汽车为主的出行方式。通过城际铁路、区域快线和大运量地面公交，适度满足廊坊北三县地区与城市副中心之间的快速联系需求，缓解现状通勤交通压力。完善城市副中心外围过境通道，分流廊坊北三县地区到中心城区的过境交通。远期实现交通网络化布局，逐步完善城市副中心与廊坊北三县地区之间的路网系统，城市副中心与廊坊北三县地区构建以公共交通为主、道路交通为辅的交通体系。

第65条 统筹区域市政设施共建共享

统筹推进区域水资源可持续利用。坚持节水优先、空间均衡、系统治理，实行最严格的水资源管理制度，保障城市副中心与廊坊北三县地区水资源高效利用，推动南水北调中线扩能、东线进京工程建设，预留曹妃甸海水淡化进京供水通道，形成多源互补的供水格局，提升区域水资源保障能力。

协同共建区域市政设施廊道。强化水、电、气、热区域协同发展，构建多源多向、安全共享的供水保障体系，建设以京津冀高压电网为骨干的智能电网，形成多气源、多联通的供气格局，完善区域热电联产供应体系，构筑坚强可靠的区域生命线保障网络。

第 66 条　实现区域防灾减灾联防联控

综合采取有效措施提升区域韧性发展水平，形成全天候、系统性、现代化的安全保障体系。利用智能信息技术，完善自然灾害监测网络和应急救助指挥系统。加强对地面沉降、活动断裂等不良地质条件的勘察，建立地质灾害监测预警系统。建立健全救灾储备管理制度，统筹建设区域级救灾物资储备库。提高廊坊北三县地区潮白河、北运河的防洪能力，防洪标准提高到 50—100 年一遇。统筹研究确定区域防洪与分洪方案，合理设置蓄滞洪区。建立流域防洪减灾预警机制，严格控制蓄滞洪区居民点建设。

第七章

保障规划有序有效实施，实现城市高质量发展

规划建设城市副中心是历史性工程，必须坚持大历史观，保持历史耐心，谋定而后动，稳扎稳打、久久为功，一茬接着一茬干，确保一张蓝图干到底。创新规划编制和管控体系，加强政策集成与创新，推进体制机制改革，建立健全规划实施和城市体检评估机制，率先在推动高质量发展的指标体系、政策体系、标准体系、统计体系、绩效评价和考核体系等方面取得新突破，保障规划有序有效实施，把高质量发展贯穿到城市规划、建设、管理的方方面面和全过程，努力创造经得住历史检验的"城市副中心质量"，把城市副中心建设成为新时代的精品城市。

第一节 构建"城市副中心质量"规划建设管理框架，实现一张蓝图干到底

完善空间规划体系，以控制性详细规划为平台，体现城市设计理念方法，开展整体城市空间景观营造，有效传导北京城市总体规划要求，指导项目实施，全面提升城市品质。明确规划标准，以和谐宜居为出发点，制定城市副中心规划建设管理标准体系，提高参数设定，并在城市副中心的发展过程中不断优化完善，实现规划决策、管理、执行的标准化。

第67条 创新规划编制和管控体系

建立"1＋12＋N"规划编制体系。形成1个街区层面控制性详细规划总成果、12个组团控制性详细规划深化方案、N个规划设计导则系列成果，兼顾规划刚性与弹性，突出特色管控引导，统筹实现多规合一，更好地解决长期以来规划目标整体性与规划实施分散性之间的矛盾，确保每一寸土地都规划得清清楚楚。

"1"为街区层面控制性详细规划总成果，通过规划核心指标、管控边界及管控分区集中落实北京城市总体规划要求，通过文本、图纸、图则实现对总体功能、规模、布局和各项系统性内容的刚性管控和弹性引导，经法定程序批准后具备法定效力。

"12"为12个组团控制性详细规划深化方案，分解落实系统管控要求，主要通过规划图则和相关说明实现对各组团的建设管控和引导，经相关程序进行备案管理。

"N"为城市色彩、街道空间、滨水空间等N个规划设计导则，兼具刚性管控和弹性引导作用，作为城市副中心街区层面控制性详细规划成果的重要补充，经部门联审和专家论证后作为设计人员和管理人员开展工作的规范性文件，其中刚性内容纳入总成果的图则中进行管控。

建立"三则一平台"的规划管控体系。通过规划管控图则、规划设计导则、规划技术准则，实现对街区层面控制性详细规划刚性内容的全域管控，对特色内容的精细引导，对规划全生命周期的智慧管理。搭建规建管三维智慧信息平台，构建城市副中心全覆盖、地上地下一体、三维可视、高效便捷的信息展示系统，全时全域全系统辅助规划管理，为科学决策提供有力支撑。

建立城市副中心规划标准和指标体系。按照创造"城市副中心质量"要求，梳理和提炼规划管控图则、规划设计导则、规划技术准则，形成一套城市副中心规划标准。按照建设绿色城市、森林城市、海绵城市、智慧城市、人文城市、宜居城市的要求，结合城市副中心规划标准，构建体现"城市副中心质量"的规划核心指标体系，作为下一步开展城市体检评估的技术依据，保障城市高质量发展。

统筹安排规划实施时序。研究制定规划实施方案和行动计划，完善规划实施机制，坚持稳中求进，精心组织，适时启动交通、市政、生态环境等框架性项目以及行政办公、商务服务、文化旅游、综合服务等示范性项目建设，集中力量逐步拉开城市副中心发展框架，确保规划有序实施。

尊重工程建设规律，坚持质量第一、安全第一，提高城市副中心工程建设质量，提高建筑物使用寿命，为高标准、高效率运行管理提供基本保障。

第68条 建立健全规划实施和城市体检评估机制

推进多规合一。在城乡规划与土地利用规划两规合一基础上，实现与国民经济和社会发展规划以及生态环境、基础设施、公共服务、公共空间等专项规划的多规协同，实现规

划底图叠合、数据融合、政策整合。

建立实时监测、定期报告的统计体系。依托规建管三维智慧信息平台，完善规划实施的基础信息数据库，对各项规划指标进行实时监测，加强全过程信息化监管。定期发布监测报告，将监测结果作为开展规划实施评估的基础。

建立分级分区的常态化体检评估机制。建立城市副中心、组团、家园三级体检评估制度，重点对规划核心指标和管控边界及管控分区实施情况进行常态化评估。建立差异化的分区体检评估机制，结合现状情况和规划目标，对不同区域提出针对性的重点评估方向。评估结果作为规划动态维护和近期行动计划编制的重要依据，实现对规划实施工作的及时反馈和完善。

城市副中心层面的体检评估侧重于全局性和系统性管控内容；组团层面侧重于组团功能承接、规模管控、风貌塑造以及组团级公共设施和基础设施配置；家园层面侧重于街区分解的各项规划指标以及街区级公共设施配置。

更新改造组团的体检评估侧重于以新促老、和谐宜居指标的落实情况；城乡统筹组团、创新示范组团的体检评估侧重于承接功能疏解、主导功能落地、创新发展理念等落实情况。

第二节　推进体制机制改革，加强政策集成与创新

处理好政府规划引领与发挥市场作用的关系。积极转变政府职能，有立有破、有管有放。尊重市场规律，尊重市民要求，创新城市经营模式，拓宽投融资渠道，吸引社会资本参与城市副中心建设。赋予城市副中心更大的改革创新发展自主权，形成市场主导的土地、资金、人才、技术等资源要素价格形成机制和配置机制，发挥市场在资源配置中的决定性作用。

第69条　强化顶层设计，建立与城市副中心定位相适应的规划建设管理体制

加强市级统筹，健全城市副中心建设领导小组规划建设指挥部工作制度，建立指挥部全体会议、指挥部办公室主任办公会议、联络员会议三级会议制度，分级审议城市副中心规划建设管理的有关事项。涉及城市副中心规划建设管理的重大事项，应及时请示报告。

加强市区联动、部门联动，建立健全各部门协同的规划实施工作机制。完善市区联动统筹推进机制，突破过去在土地权属、项目投资、运行管理等方面的体制机制束缚，打破各部门的条块分割、各自为政，提高规划实施的协同性和主动性。搭建多部门信息共享的规划实施平台，促进各部门在公共财政投入、土地供应、重大项目推进与规划空间布局和规划实施时序上的相互协调，统筹确定重点任务年度安排和行动计划。针对公共空间、混合用地、一体化利用等专项系统重点难点问题，推动系统融合和多部门协同。强化属地责任，加强市级行业部门指导和市级专业公司合作。

建立专家咨询制度和责任规划师制度。涉及城市副中心规划建设管理的重大事项，应专门听取各领域专家意见建议，形成必要的技术支撑。邀请一线专家和技术骨干作为负责城市副中心重点地区以及各组团、各特色小城镇规划设计的责任规划师，全过程、全方位提供实时咨询、指导和监督。

第70条　推进相关政策机制创新，实现重点领域率先突破

深化推进土地管理制度改革。健全城乡建设用地增减挂

钩机制，建立大统筹、大平衡、大平台的规划实施机制。推动用地供给侧结构性改革，加大供应力度，努力稳定预期，促进房地产市场健康稳定发展。制定土地增值收益管理政策机制，完善土地利益分配和征收补偿制度，利用土地供应、用途管制等实物型政策工具和土地价格、土地税收、土地出让金收支管理等价值型政策工具，实现土地市场和宏观经济平稳运行，防止土地投机。建立城市有机更新激励机制，以国有存量用地更新和集体产业用地整治改造为重点，制定促进存量土地盘活利用政策，鼓励补齐公共设施短板。推动集体建设用地利用模式创新，盘活集体经营性建设用地资源，开展利用集体土地建设租赁住房试点，推进抵押、质押担保方式创新，推动集体建设用地流转。建立耕地占补平衡的统筹机制。制定用地功能兼容与建筑复合利用政策机制，完善深度土地一级开发机制，创新用地分层出让、地上地下统筹实施政策机制。

细化完善功能疏解和产业发展政策机制。完善疏解政策体系，细化新增产业禁止和限制目录，健全违法建设责任追究机制，加强疏解腾退空间管理和利用。制定高精尖产业发展细分行业目录和标准体系，建立城市副中心产业引导基金和财政扶持专项资金，制定市区联动、部门协同的产业统筹发展工作机制。

完善城市副中心规划建设财政政策。创新投融资体制机制，规范推进政府和社会资本合作。加大投资倾斜力度，扩大支持范围。优化融资渠道，积极争取中央财政和国家政策金融支持，用好地方政府债券和企业债，规范使用城市副中心建设发展基金。

推进审批制度改革先行先试。深化公共服务类建设项目投资审批改革试点，下放审批权限，推进投资项目"一张网"审批。完善人才引进政策和企业服务标准，建设优化营商环境示范引领区。

第71条 强化精治、共治、法治，构建现代化城市治理体系

坚持人民城市人民建、人民城市人民管、人民城市人民共享的理念，使政府有形之手、市场无形之手、市民勤劳之手同向发力，尽快形成与城市副中心功能相匹配的城市治理体系。

着力理顺城市副中心城市管理体制，规范城市网格化工作体系，以党建引领基层管理体制创新，加强街道乡镇实体化综合执法平台建设，把各种管理力量压到一线，建立扁平化的城市管理体系，做到街乡吹哨、部门报到。继续完善街巷长制，发挥小巷管家作用，深入推进背街小巷环境整治提升，深化老旧小区综合整治，推进"厕所革命"，努力让城市的每一个角落都整洁干净有序。畅通公众参与城市治理的渠道，探索参与型社区协商模式，增强居民社区归属感和公民责任感，调动企业履行社会责任、参与社会治理积极性，形成多元共治、良性互动的社会治理格局。注重用法规、制度、标准管理城市，运用法治思维和法律手段化解城市治理中遇到的问题。

第72条 强化规划实施的监督执纪问责，坚决维护规划的严肃性和权威性

经依法批准的控制性详细规划必须严格执行，任何部门和个人不得随意修改、违规变更。建立城市副中心城乡规划督察员制度，强化对规划的全过程、全方位实时指导与监督，促进行政机关和有关主体主动接受社会监督。健全监督制度和公示制度，落实城乡规划属地实施主体责任，将规划实施纳入对通州区绩效考核和领导干部责任审计。对违反规划和落实规划不力、造成严重损失的，坚决依法依规追究责任。

规划建设北京城市副中心是习近平新时代中国特色社会主义思想在京华大地的生动实践，是深入贯彻党的十九大精神，推动以疏解北京非首都功能为"牛鼻子"的京津冀协同发展的重要举措。我们有决心在以习近平同志为核心的党中央坚强领导下，不忘初心、牢记使命，锐意进取、埋头苦干，把城市副中心打造成为国际一流的和谐宜居之都示范区、新型城镇化示范区和京津冀区域协同发展示范区，开创首都城市发展新局面，无愧于历史、时代和人民！

附表1 北京城市副中心控制性详细规划核心指标表

目标	编号	指标项	数值		指标类型
			现状（2017年）	远期（2035年）	
低碳高效的绿色城市（17项）	1	细颗粒物（PM2.5）年均浓度（微克/立方米）	58	大气环境质量得到根本改善	约束性
	2	绿色出行比例（%）	73	≥80	约束性
	3	轨道交通占公共交通出行比例（%）	34	≥60	预期性
	4	新建集中建设区道路网密度（公里/平方公里）	3.65	10（含绿道）	约束性
	5	轨道交通线网密度（公里/平方公里）	0.15	1.1—1.2	约束性
	6	轨道交通车站500米半径就业岗位覆盖率（%）	—	≥63	预期性
	7	轨道交通车站500米半径居住人口覆盖率（%）	—	≥47	预期性
	8	公交专用道里程（车道公里）	24	300左右	预期性
	9	单位地区生产总值水耗降低（比2015年）（%）	—	>40（通州区）	约束性
	10	自来水供水能力（万立方米/日）	37	≥89	约束性
	11	污水处理率（%）	90（2015年）	≥99	约束性
	12	再生水资源利用率（%）	12.7	100	预期性
	13	单位地区生产总值能耗降低（比2015年）（%）	—	达到国家要求（通州区）	约束性
	14	优质能源比重（%）	100	100	预期性
	15	新能源和可再生能源比重（%）	—	≥20	预期性
	16	综合管廊长度（公里）	2.3	100—150	预期性
	17	绿色建筑占新建建筑的比例（%）	—	二星级100%，三星级50%	预期性
蓝绿交织的森林城市（8项）	18	生态空间面积占城市副中心面积比例（%）	—	40	约束性
	19	森林覆盖率（%）	28（通州区2015年）	40（通州区）	约束性
	20	人均绿地面积（平方米）	—	30	预期性
	21	万人拥有综合公园指数	—	≥0.1	预期性
	22	公园绿地500米服务半径覆盖率（%）	69.8	100	约束性
	23	人行道绿荫率（%）	—	≥80	预期性
	24	本地物种受保护程度（%）	—	≥95	预期性
	25	生物多样性受保护程度	—	自然生境恢复的标志性物种重现	预期性

续表

目标	编号	指标项	数值		指标类型
			现状（2017年）	远期（2035年）	
自然生态的海绵城市（6项）	26	重要水功能区水质达标率（%）	—	100	约束性
	27	年径流总量控制率（%）	—	80%城市建成区不低于80	约束性
	28	年径流污染控制率（%）	—	80%城市建成区达到60	约束性
	29	生态岸线比例（%）	—	≥90	预期性
	30	防涝标准[重现期（年）]	—	50—100	约束性
	31	防洪标准[重现期（年）]	20—50	100	约束性
智能融合的智慧城市（9项）	32	政务云服务覆盖率（%）	—	100	预期性
	33	非涉密政务数据开放单位覆盖率（%）	—	≥98	预期性
	34	政府网上行政审批服务覆盖率（%）	—	100	预期性
	35	统一社会信用代码覆盖率（%）	—	100	预期性
	36	三级医疗机构预约诊疗率（%）	—	≥98	预期性
	37	无线宽带WIFI覆盖率（%）	—	公共空间100	预期性
	38	智能驾驶技术应用	—	率先试验	预期性
	39	道路路灯智能化管理率（%）	—	≥90	预期性
	40	公共汽车来车信息预报率（%）	—	达到80	预期性
古今同辉的人文城市（17项）	41	世界文化遗产数量（项）	1	保持	约束性
	42	区级及以上文物保护单位数量（项）	34	增加	约束性
	43	地下文物埋藏区数量（片）	4	增加	约束性
	44	遗址公园数量（个）	—	增加	约束性
	45	历史文化街区数量（片）	—	≥1	约束性
	46	历史文化保护重点管控区面积占城市副中心面积比例(%)	—	≥8	预期性
	47	古城、古镇（村）受保护程度	—	整体价值得到显著提升,空间格局、历史遗存实现全面保护	预期性
	48	历史河道受保护程度	—	再现完整的运河水网体系	预期性
	49	运河历史水工设施受保护程度	—	再现完整的运河水工设施体系	预期性
	50	非物质文化遗产数量（项）	7	增加	约束性

续表

目标	编号	指标项	数值		指标类型
			现状（2017年）	远期（2035年）	
古今同辉的人文城市（17项）	51	重点管控的城市天际线数量（条）	—	4	预期性
	52	重点管控的城市景观廊道数量（条）	—	10	预期性
	53	重点管控的城市标志性节点数量（个）	—	23	预期性
	54	风貌管控重点地区面积占城市副中心面积比例（%）	—	约36	约束性
	55	每10万人拥有博物馆数量（处）	—	2（通州区）	预期性
	56	人均公共文化服务设施建筑面积（平方米）	—	≥0.45	约束性
	57	人均公共体育用地面积（平方米）	—	≥0.7	约束性
公平普惠的宜居城市（19项）	58	常住人口规模（万人）	86	≤130	约束性
	59	就业人口规模（万人）	—	70—75	约束性
	60	城乡职住用地比例	1∶1.3	1∶2左右	约束性
	61	城乡建设用地规模（平方公里）	103	100左右	约束性
	62	地上建筑规模（万平方米）	6420	≤10000（不含战略留白用地）	约束性
	63	组团中心数量（个）	—	12	预期性
	64	家园中心数量（个）	—	36	预期性
	65	基础教育设施千人用地面积（平方米）	2248	≥2992	约束性
	66	千人医疗卫生机构床位数（张）	4.6	≥7.7	约束性
	67	千人养老机构床位数（张）	—	≥9.5	约束性
	68	一刻钟社区服务圈覆盖率（%）	—	100	预期性
	69	集中建设区公交站点500米半径覆盖率（%）	—	100	预期性
	70	自行车道（含自行车专用路）长度（公里）	—	2300左右	预期性
	71	道路红线内人行道、自行车道和绿色空间比重（%）	—	≥50	预期性
	72	亲水岸线比例（%）	—	≥80	预期性
	73	绿道长度（公里）	—	约280	预期性
	74	人均应急避难场所用地面积（平方米）	0.8	紧急避难场所≥2，固定避难场所、中心避难场所≥3	约束性
	75	城乡建设用地平均拆占比	—	约1∶1	预期性
	76	建筑规模平均拆建比	—	约1∶2.2	预期性

附表2 北京城市副中心控制性详细规划用地平衡表

用 地 分 类			用地面积（平方公里）	占城市副中心总面积比例（%）
城乡建设用地			100.4	64.6
其中	居住用地		25.0	16.1
	产业用地		14.6	9.4
	其中	商业商务	3.4	2.2
		文化娱乐	1.6	1.1
		研发设计	2.0	1.3
		多功能	7.2	4.5
		其他	0.4	0.3
	公共管理和其他公共服务用地		3.5	2.3
	其中	行政办公	1.6	1.0
		教育科研	1.8	1.2
		文物古迹	0.1	0.1
	三大设施用地		11.3	7.2
	其中	公共服务设施用地	7.8	5.0
		交通设施用地	1.6	1.0
		市政设施用地	1.9	1.2
	绿地		12.5	8.0
	道路用地		20.8	13.4
	战略留白		9.1	5.9
	待深入研究用地		3.6	2.3
区域建设用地			9.8	6.4
其中	特殊用地		0.7	0.5
	对外交通用地		9.1	5.9
非建设用地			45.2	29.0
其中	生态绿地及农林地		27.6	17.7
	水域		17.6	11.3
合计			155.4	100.0

规划图纸

北京城市副中心控制性详细规划（街区层面）（2016年—2035年）

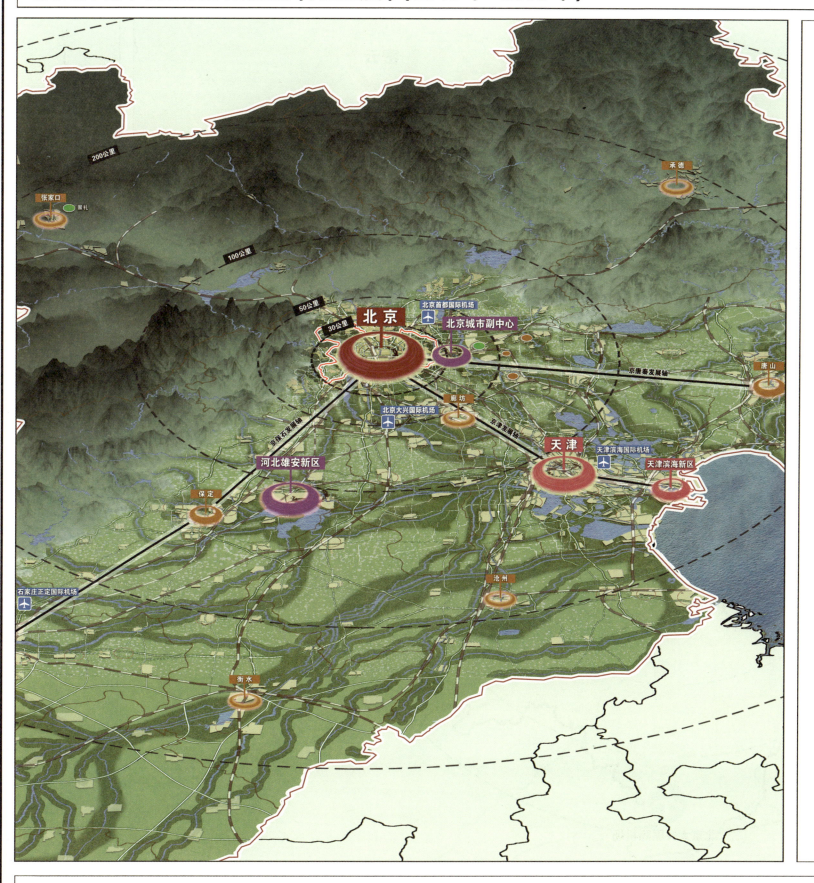

图01 "一核两翼"空间格局示意图

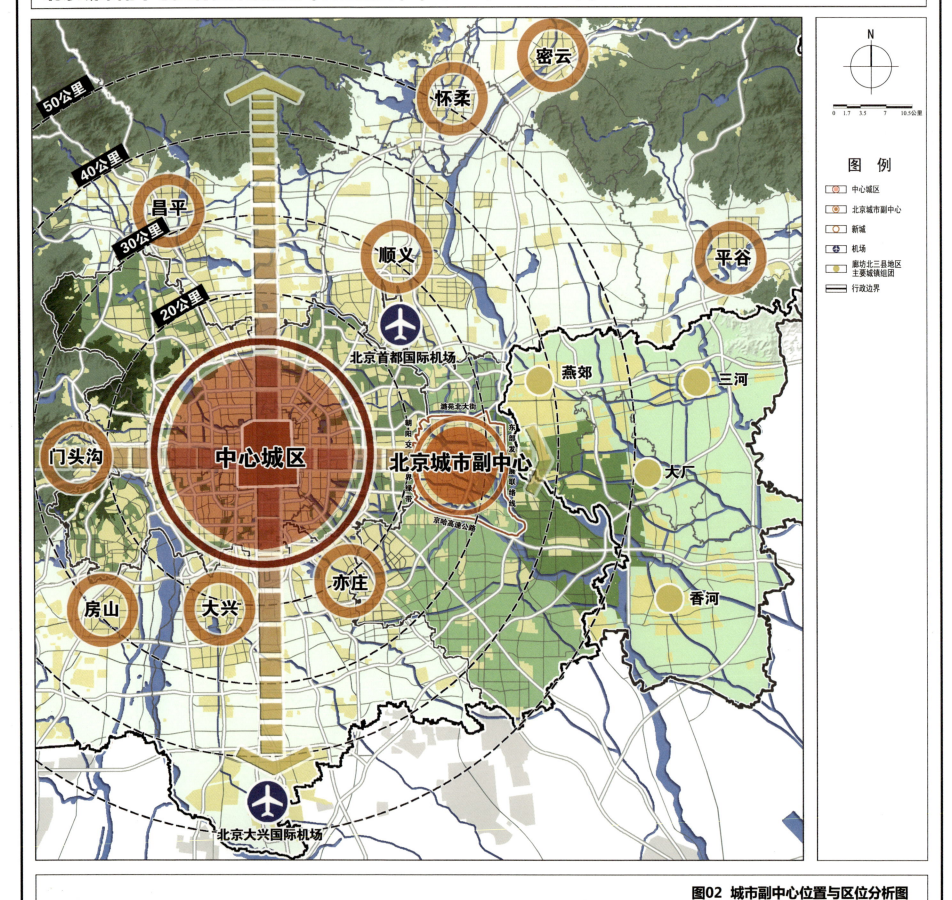

图02 城市副中心位置与区位分析图

北京城市副中心控制性详细规划（街区层面）（2016年—2035年）

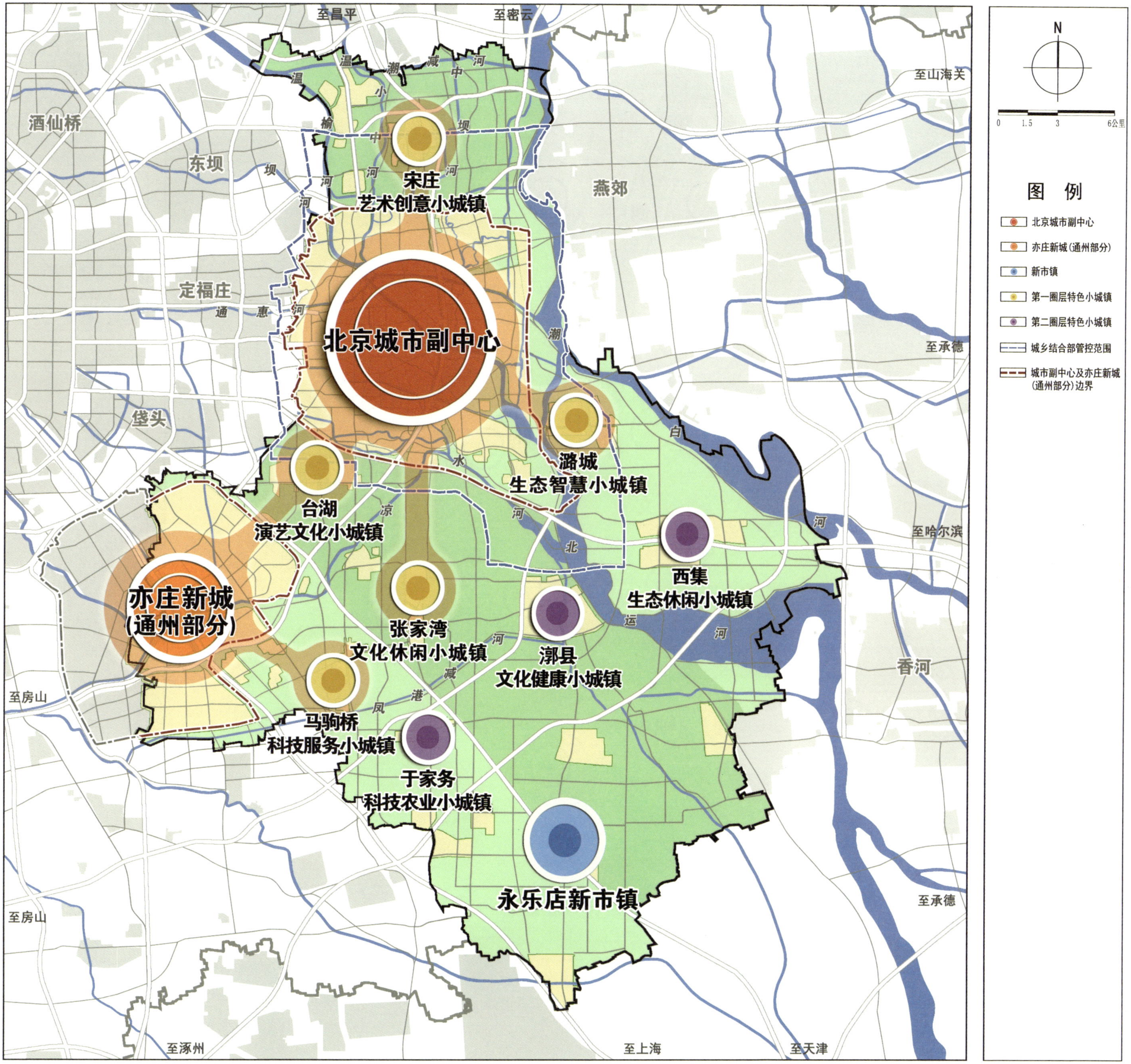
至昌平
至密云
至山海关
酒仙桥
东坝
燕郊
定福庄
至承德
宋庄
艺术创意小城镇
北京城市副中心
垡头
潞城
生态智慧小城镇
台湖
演艺文化小城镇
至哈尔滨
亦庄新城
(通州部分)
张家湾
文化休闲小城镇
西集
生态休闲小城镇
漷县
文化健康小城镇
至房山
马驹桥
科技服务小城镇
香河
于家务
科技农业小城镇
永乐店新市镇
至房山
至承德
至涿州
至上海
至天津
N
0 1.5 3 6公里
图 例
北京城市副中心
亦庄新城(通州部分)
新市镇
第一圈层特色小城镇
第二圈层特色小城镇
城乡结合部管控范围
城市副中心及亦庄新城(通州部分)边界

图03 城乡关系示意图

北京城市副中心控制性详细规划（街区层面）（2016年—2035年）

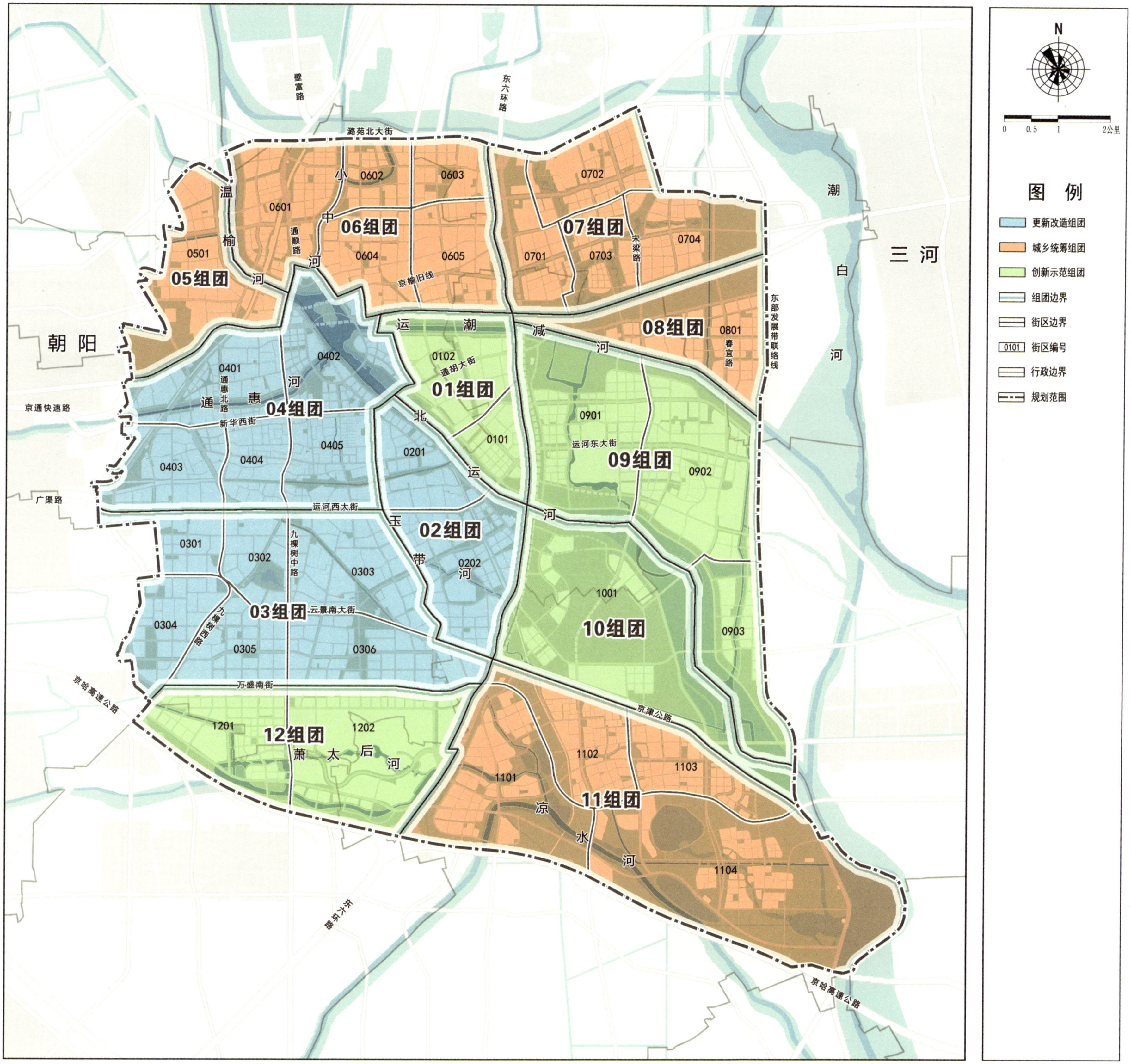

图05 组团街区划分示意图

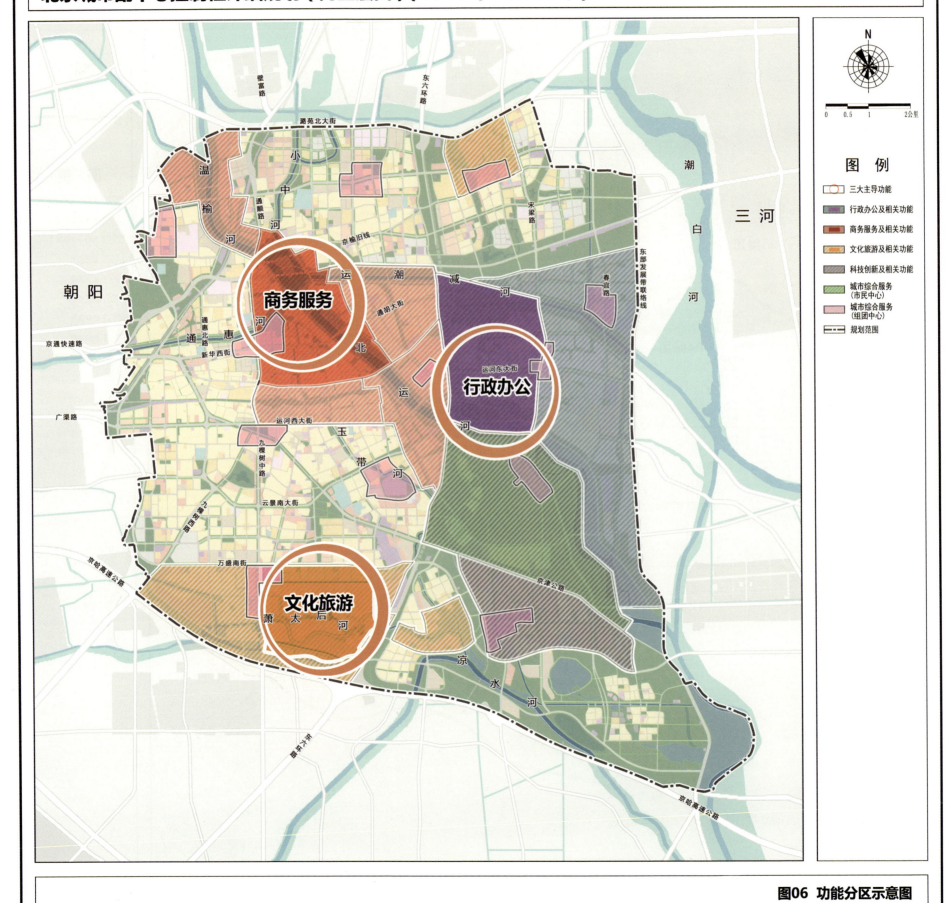

图06 功能分区示意图

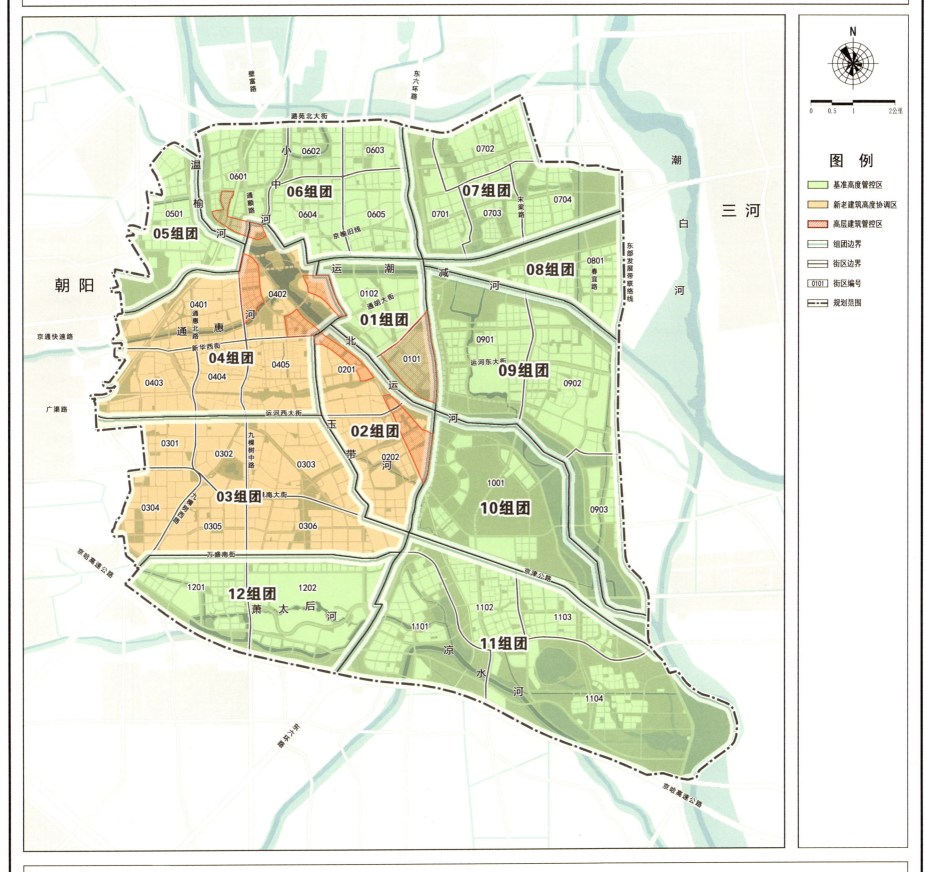

图07 建筑高度分区规划示意图

北京城市副中心控制性详细规划（街区层面）（2016年—2035年）

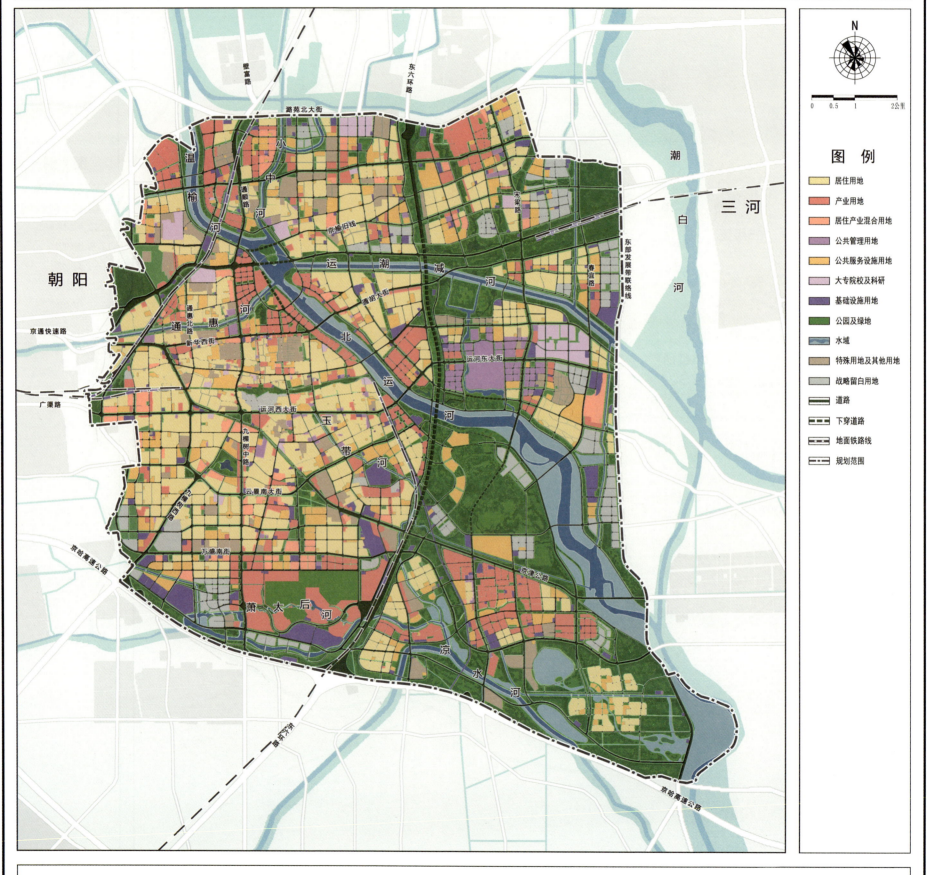

图08 用地功能规划图

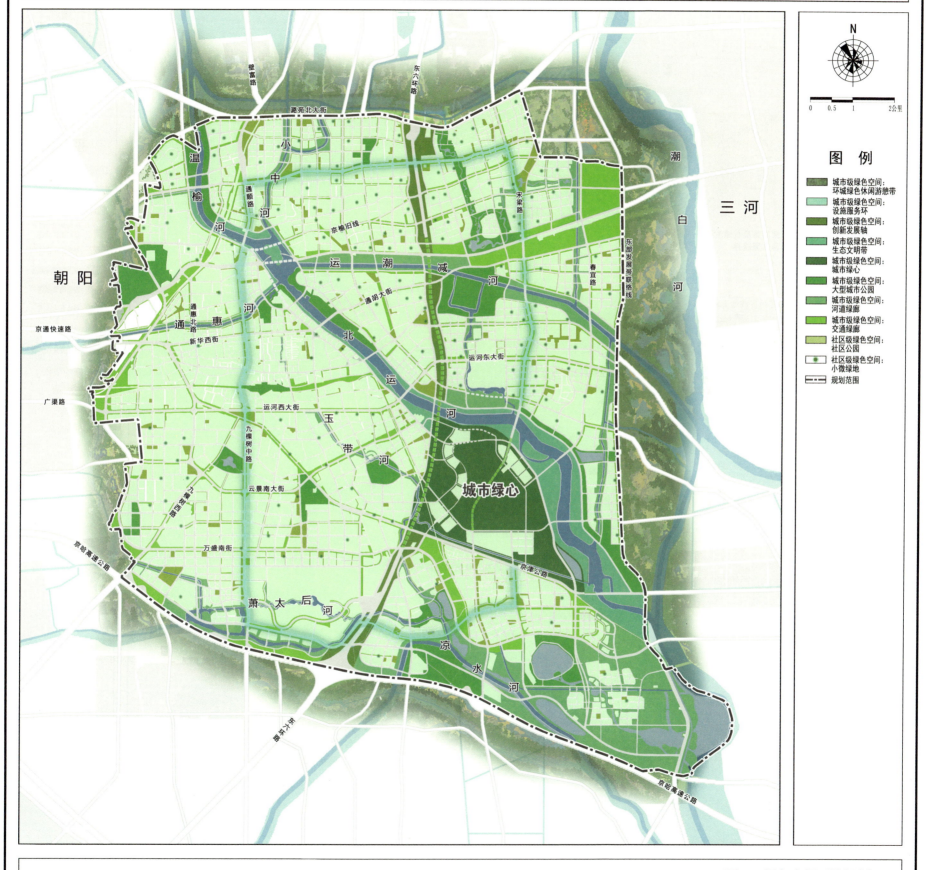

图09 绿色空间系统规划图

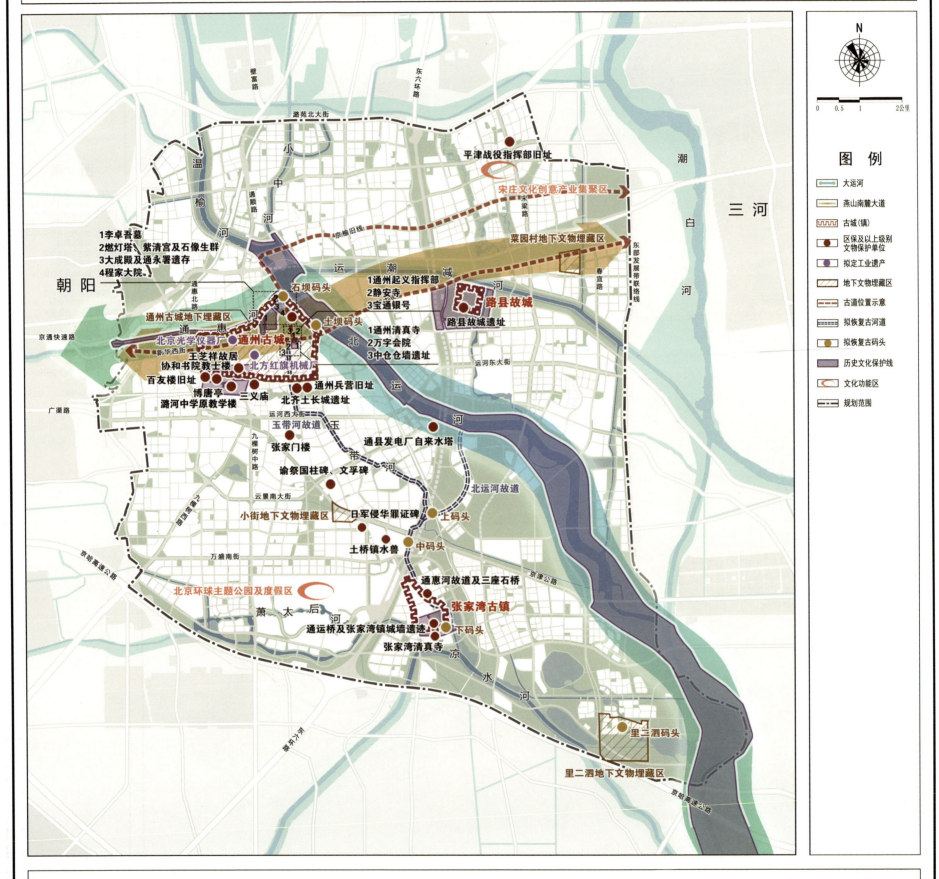

图10 文化传承系统规划图

北京城市副中心控制性详细规划（街区层面）（2016年—2035年）

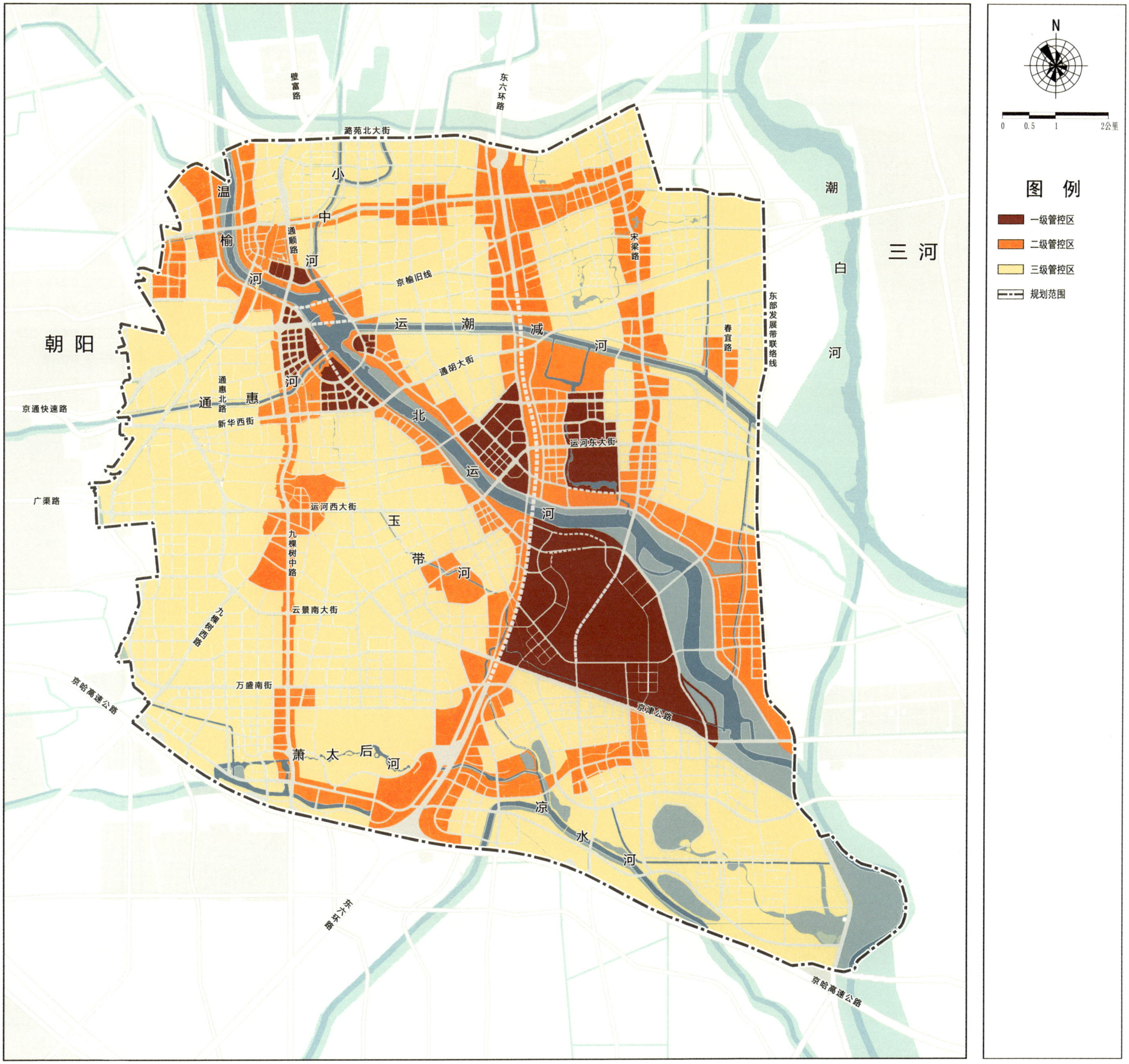

图例
- 一级管控区
- 二级管控区
- 三级管控区
- 规划范围

图11 三级管控分区规划图

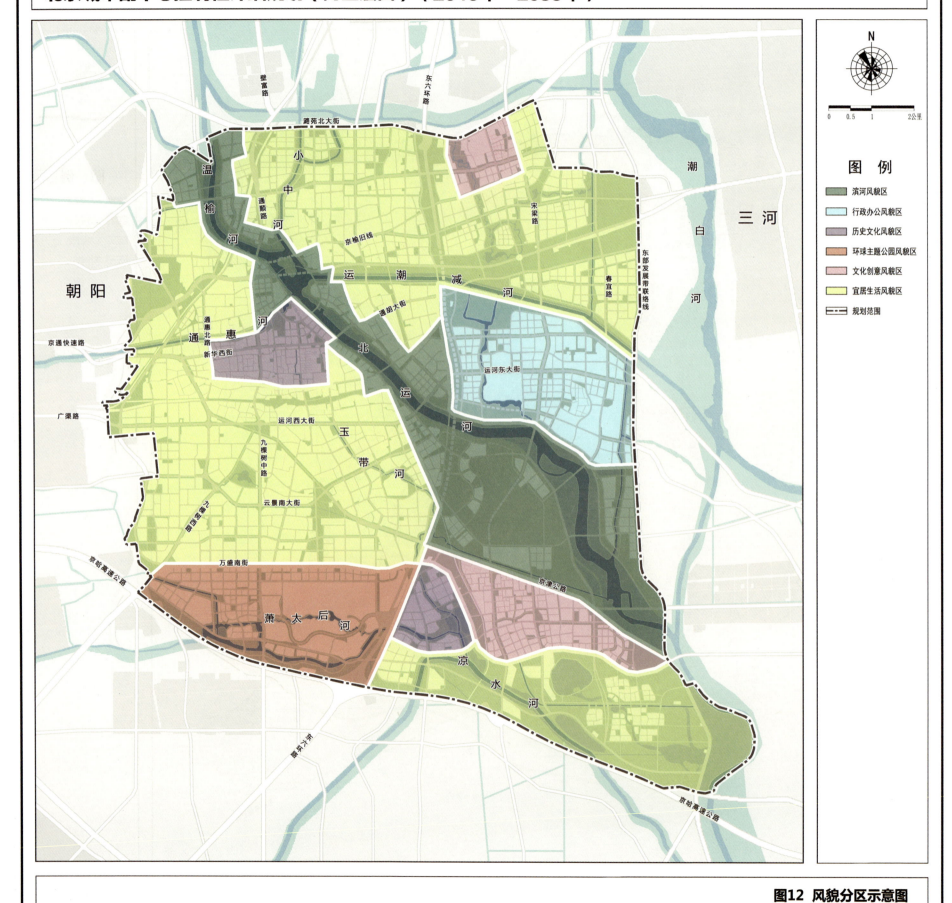

图12 风貌分区示意图

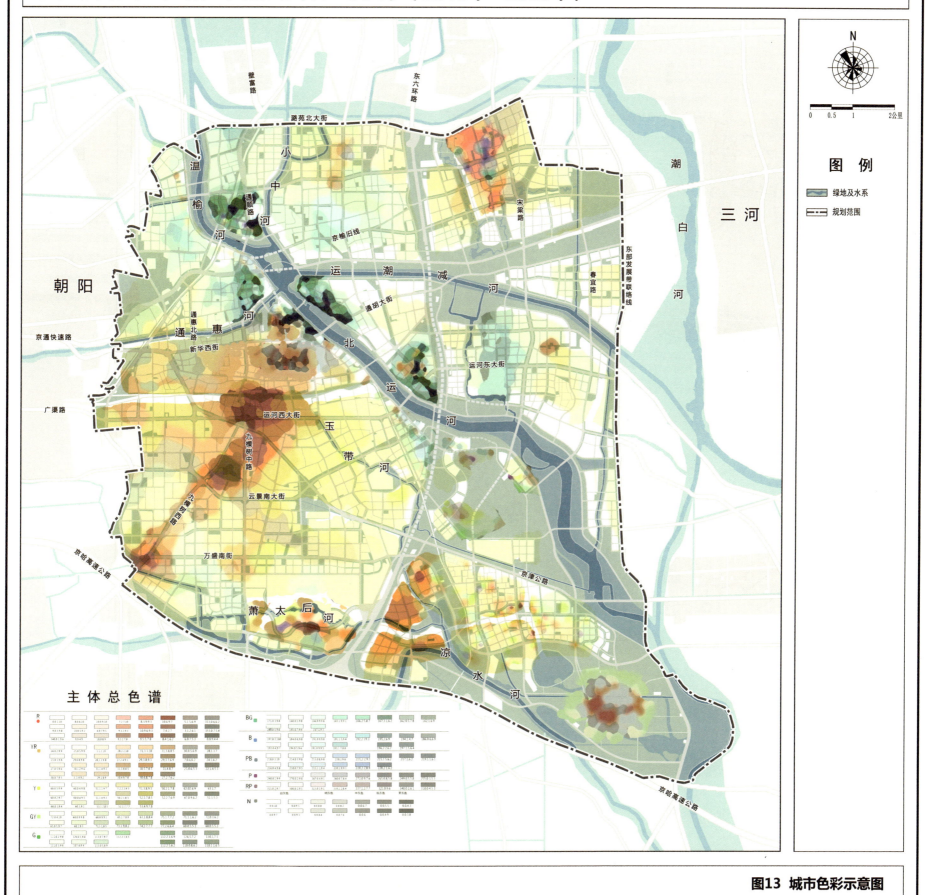

图13 城市色彩示意图

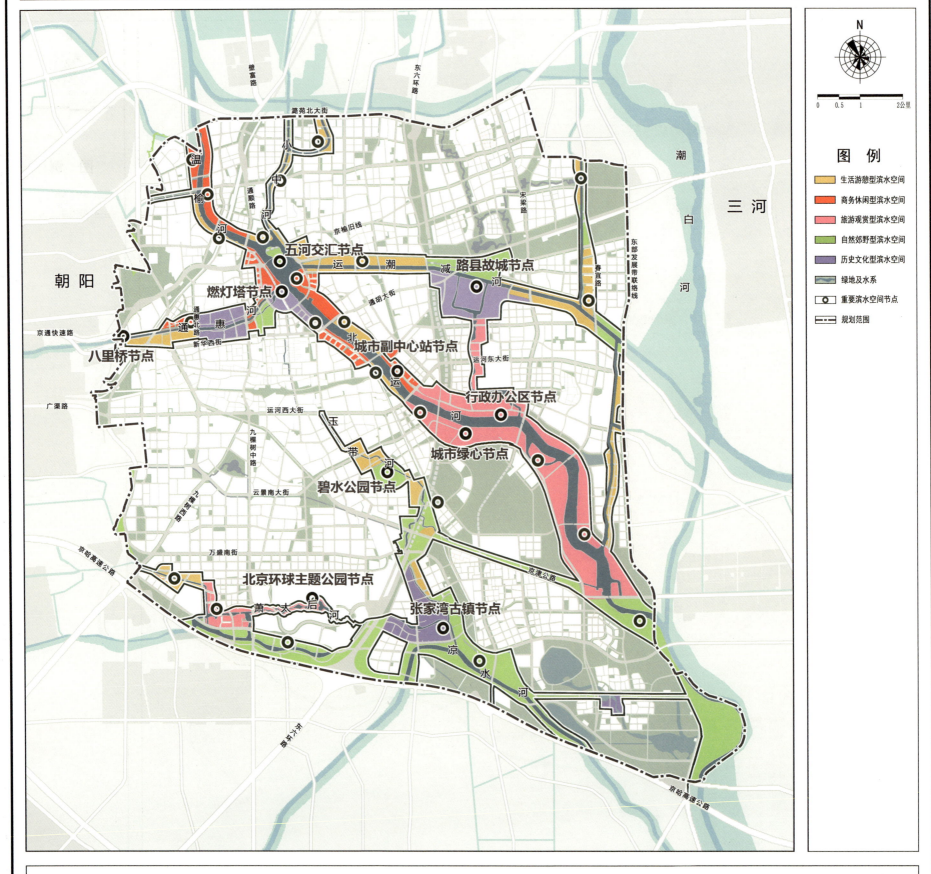

图14 五类滨水空间及游憩节点规划示意图

北京城市副中心控制性详细规划（街区层面）（2016年—2035年）

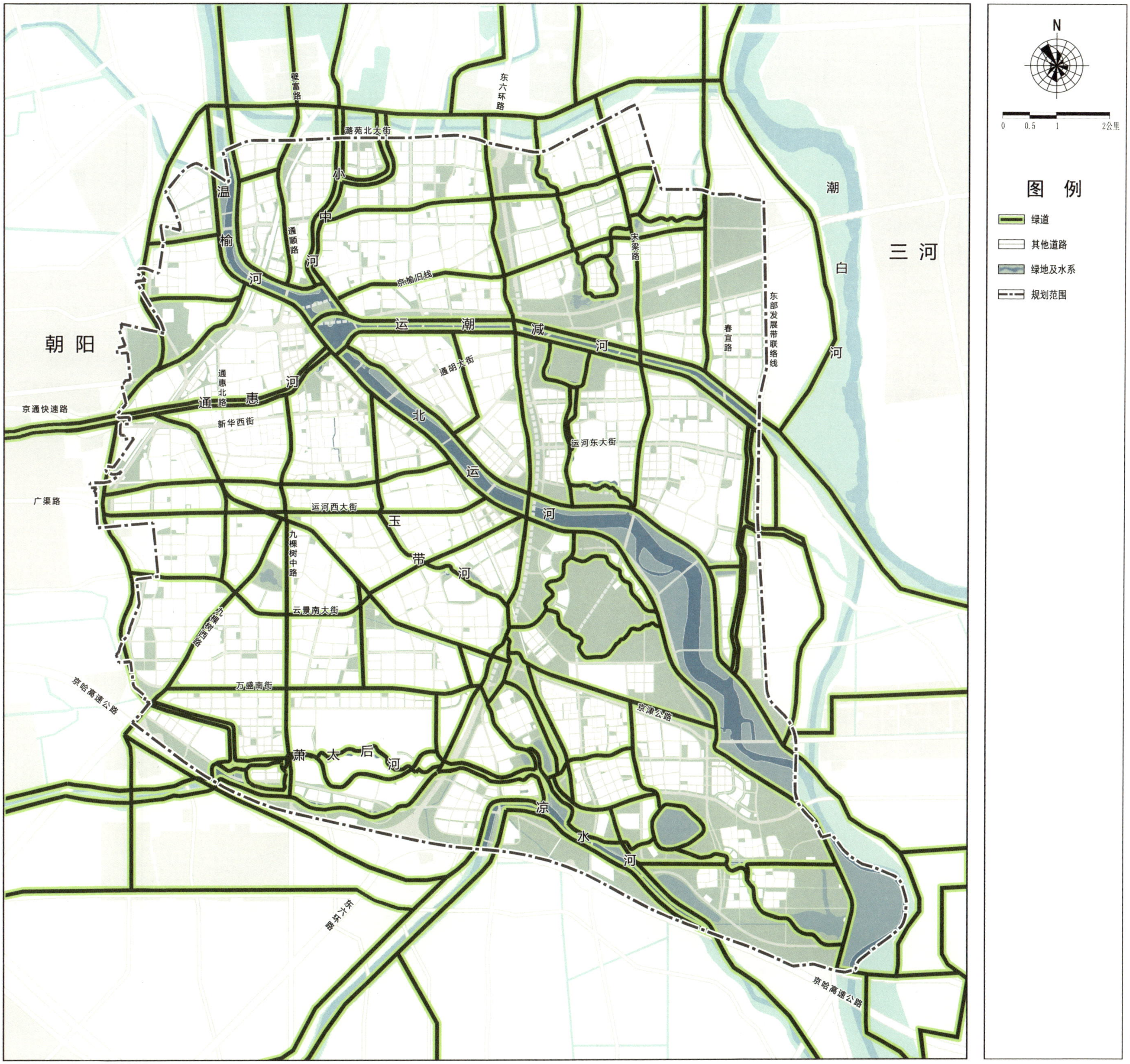

图例
- 绿道
- 其他道路
- 绿地及水系
- 规划范围

图15 绿道系统规划图

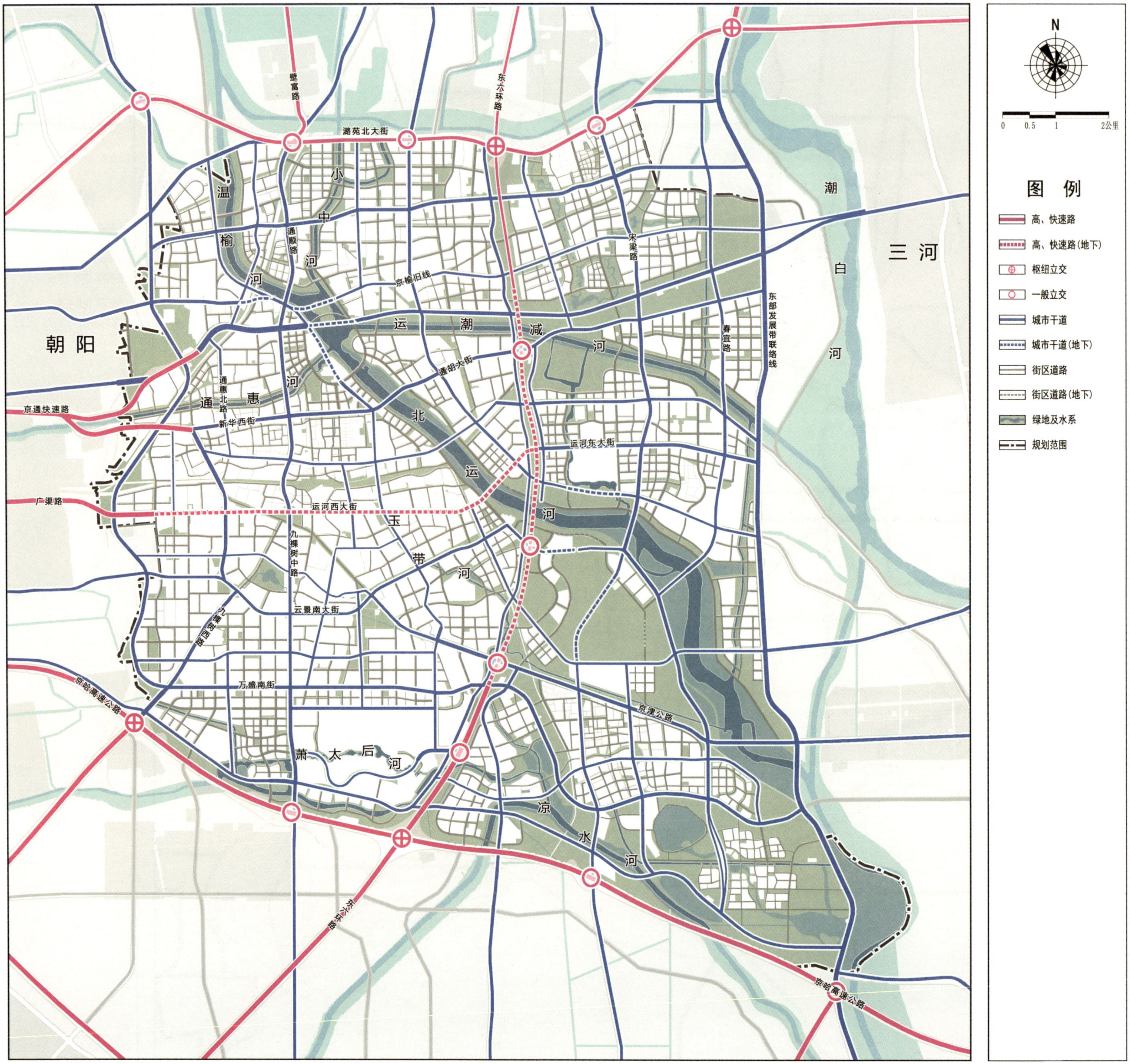

北京城市副中心控制性详细规划（街区层面）（2016年—2035年）

图16 道路网系统规划图

北京城市副中心控制性详细规划（街区层面）（2016年—2035年）

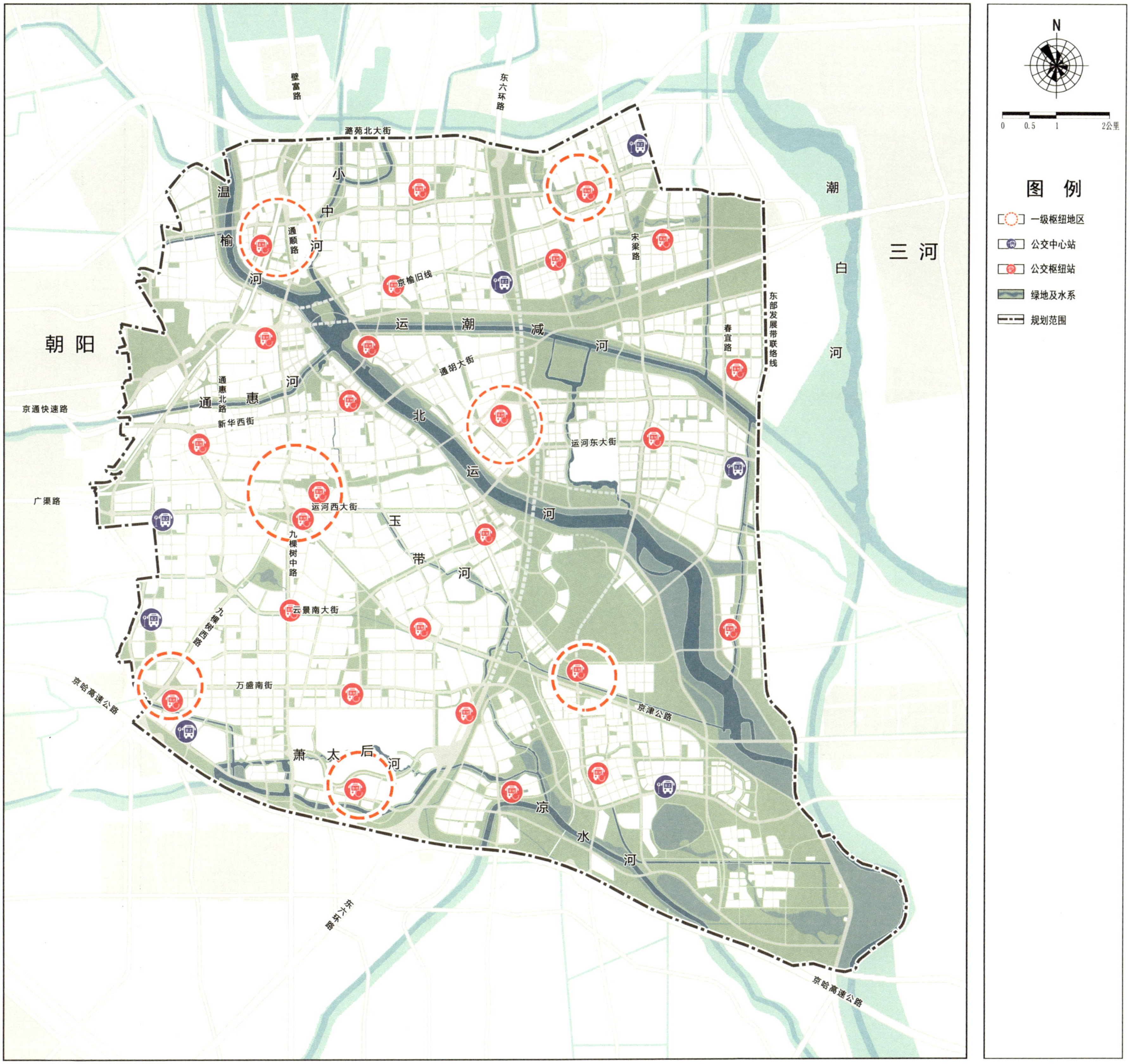

图17 交通场站布局规划示意图

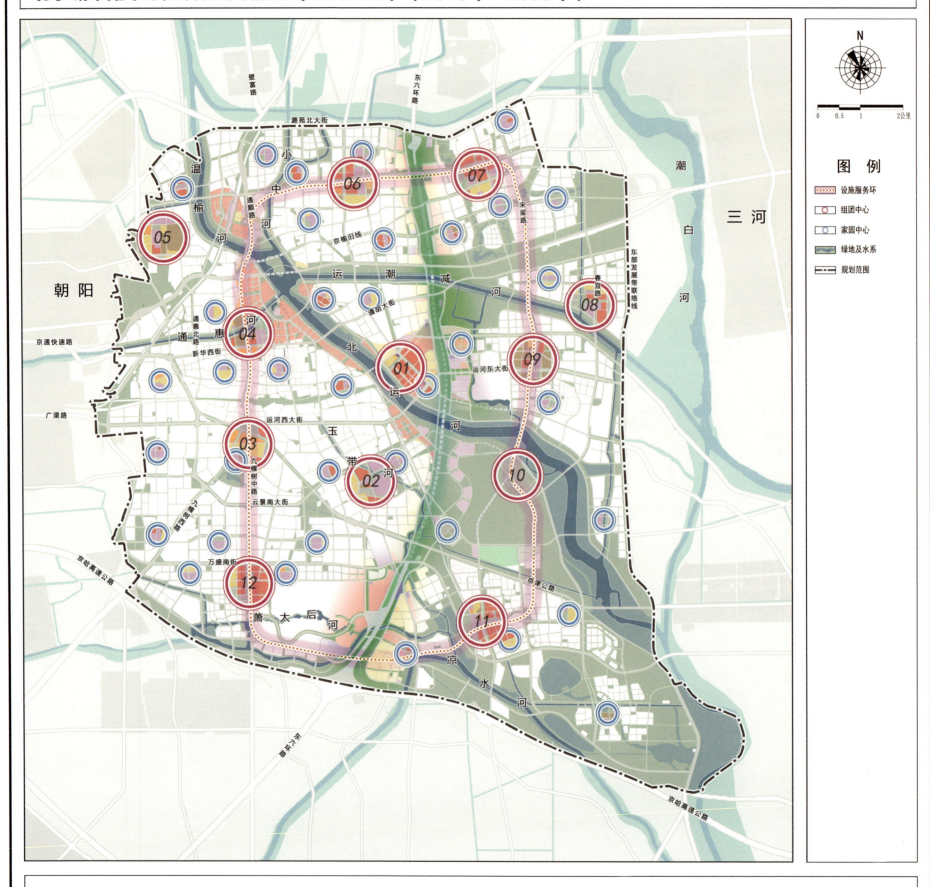

图18 公共服务体系规划示意图

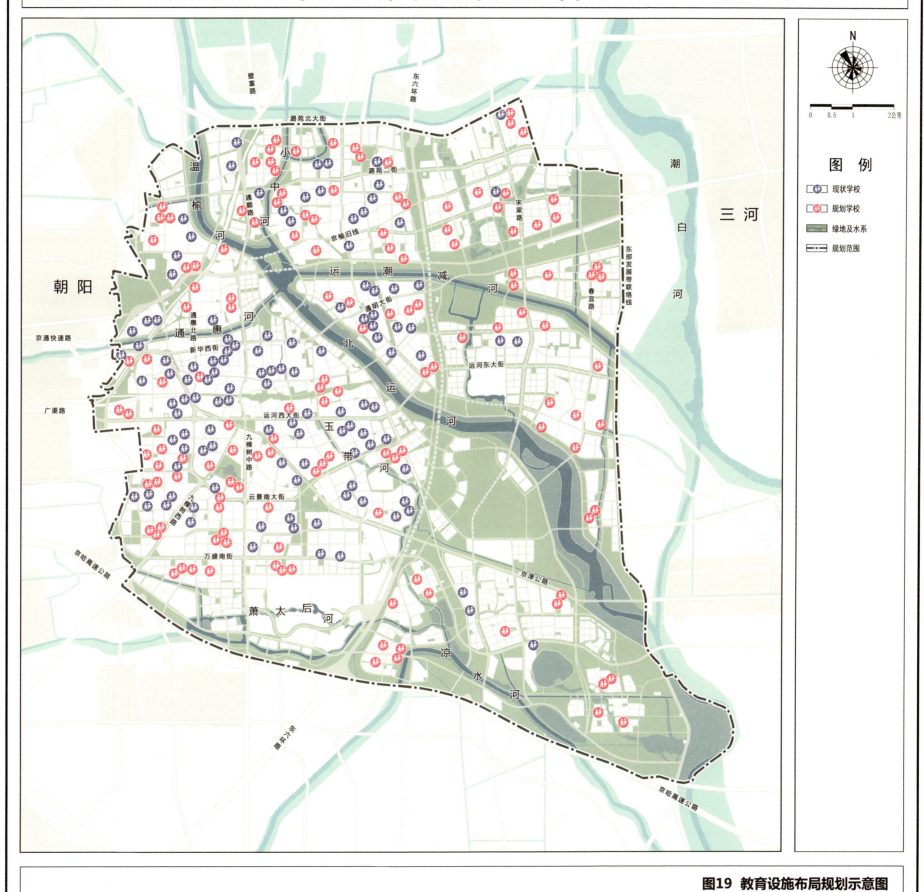

图19 教育设施布局规划示意图

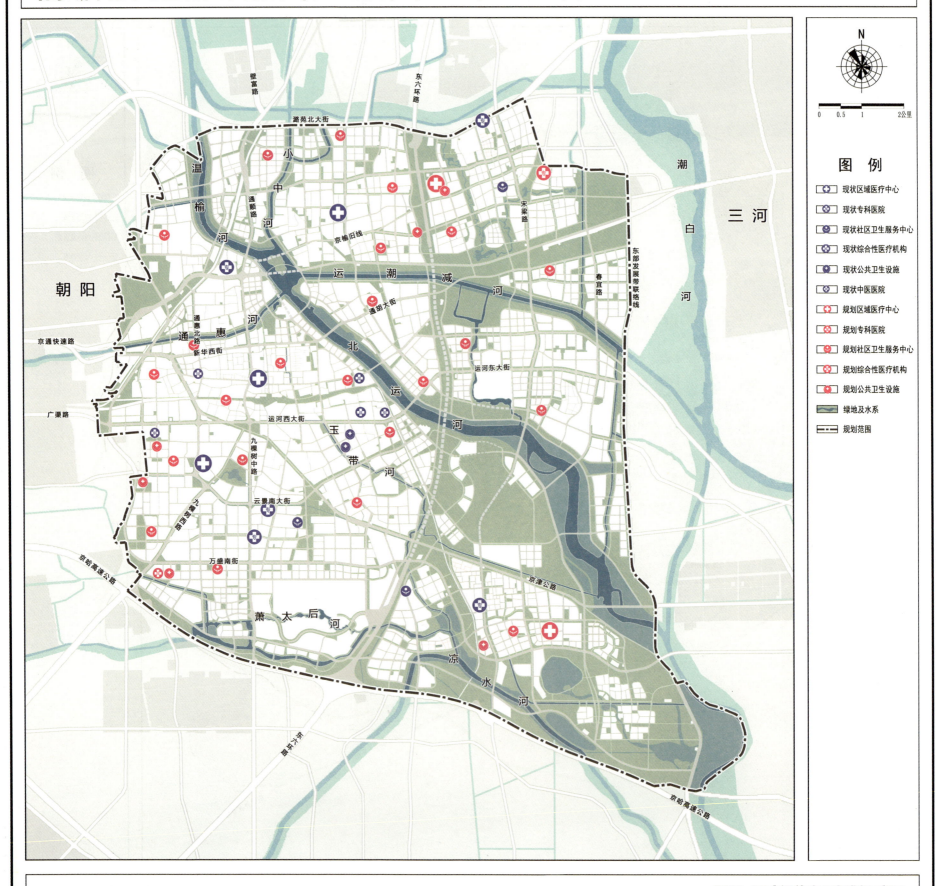

图20 医疗设施布局规划示意图

北京城市副中心控制性详细规划（街区层面）（2016年—2035年）

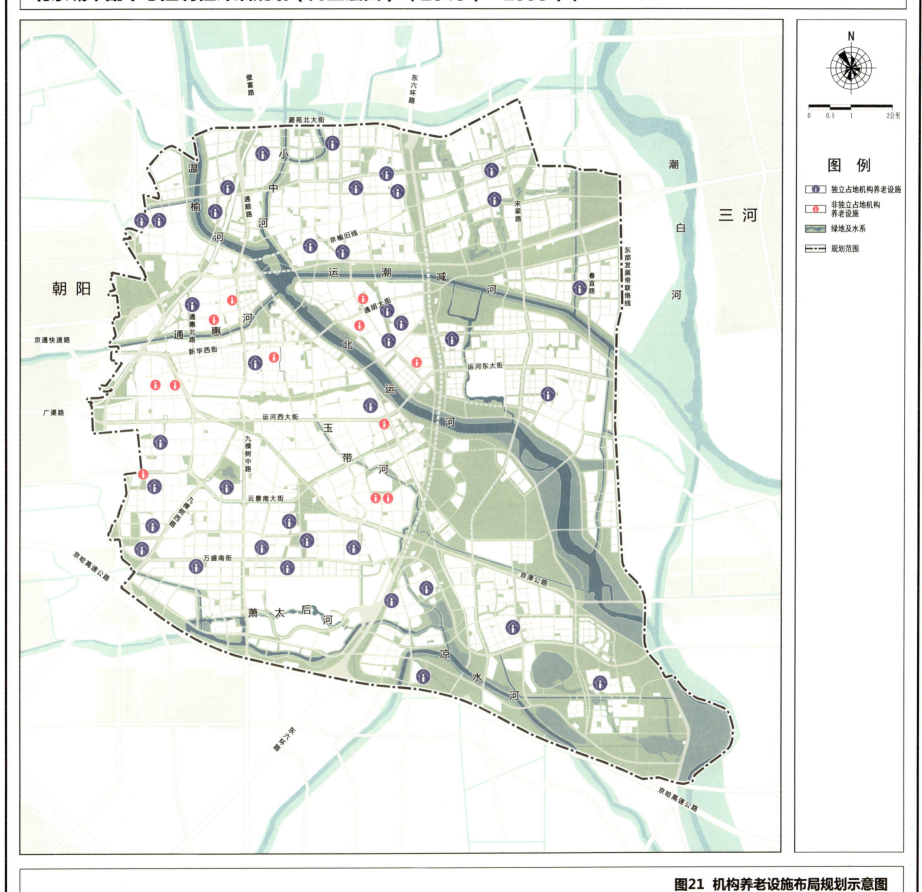

图21 机构养老设施布局规划示意图

北京城市副中心控制性详细规划（街区层面）（2016年—2035年）

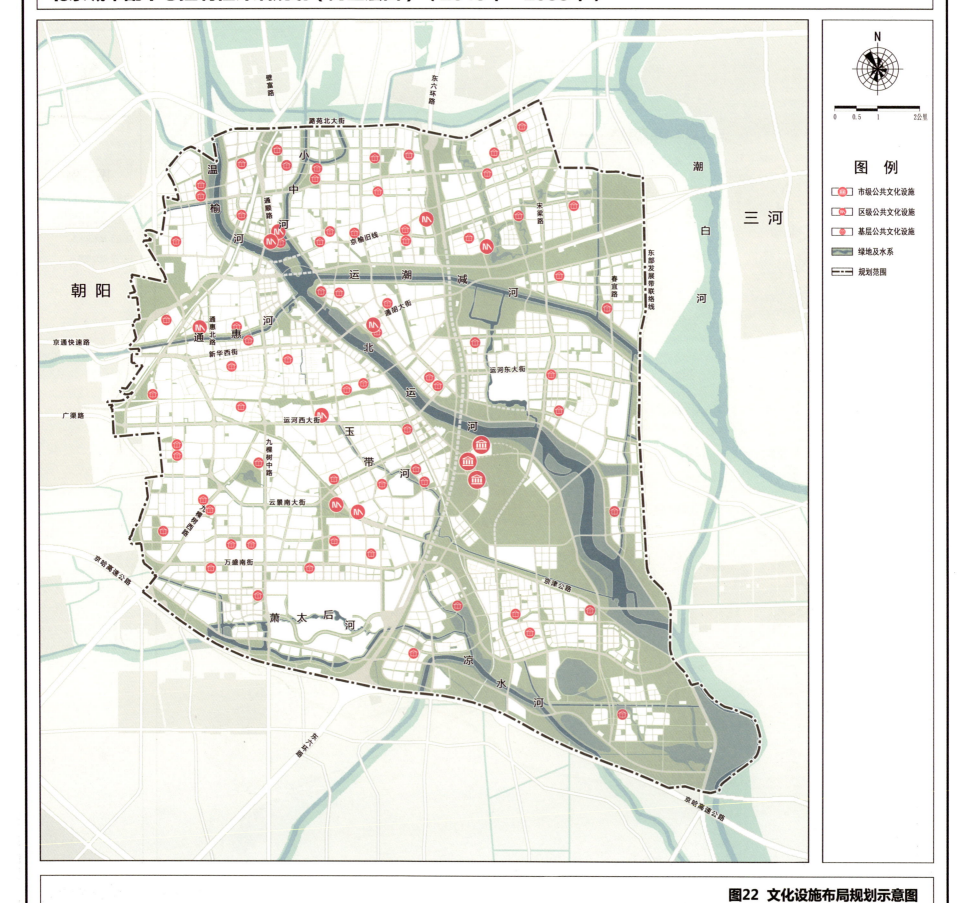

图22 文化设施布局规划示意图

北京城市副中心控制性详细规划（街区层面）（2016年—2035年）

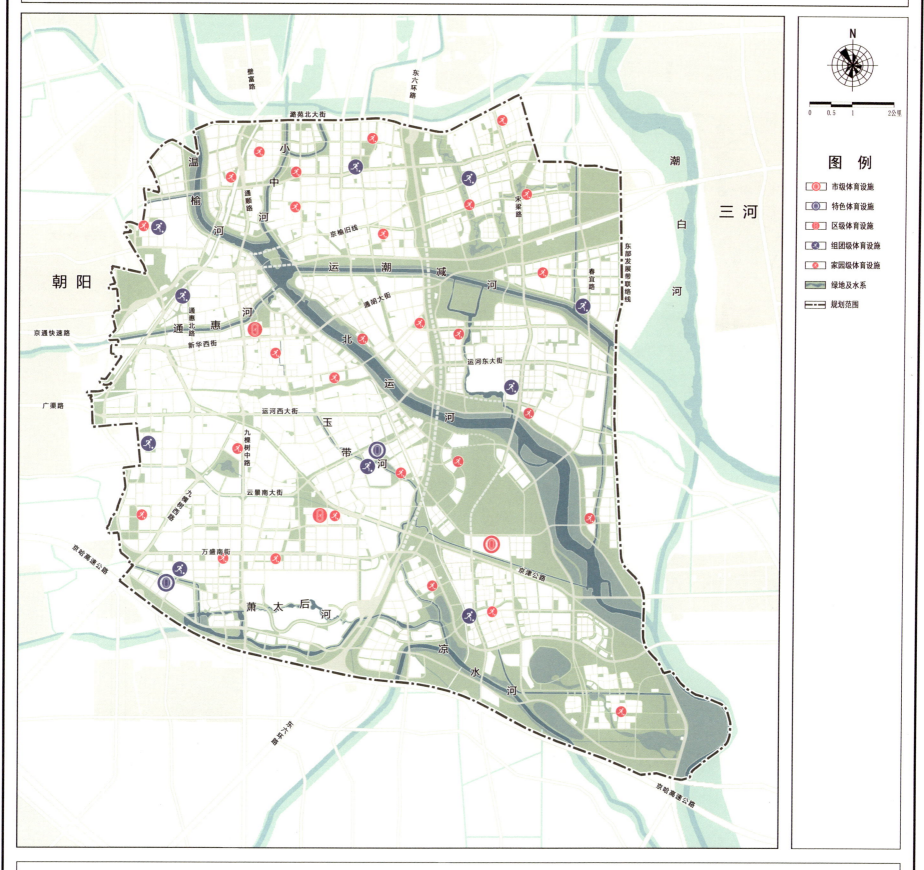

图23 体育设施布局规划示意图

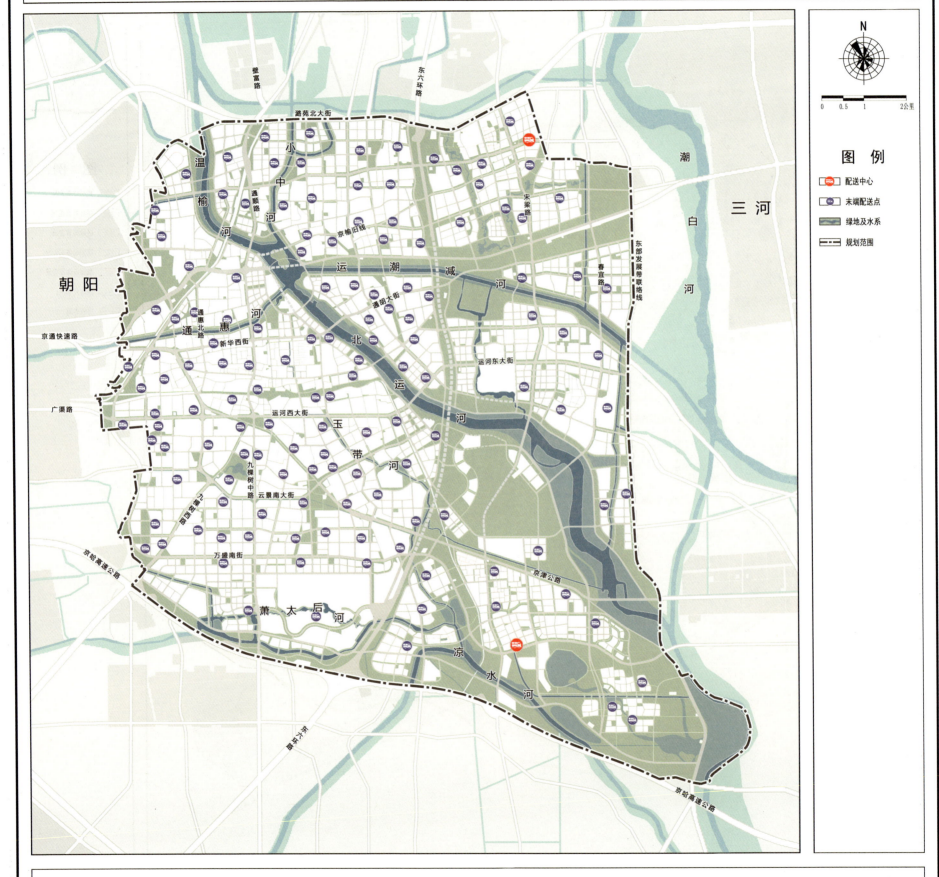

图24 物流设施布局规划示意图

北京城市副中心控制性详细规划（街区层面）（2016年—2035年）

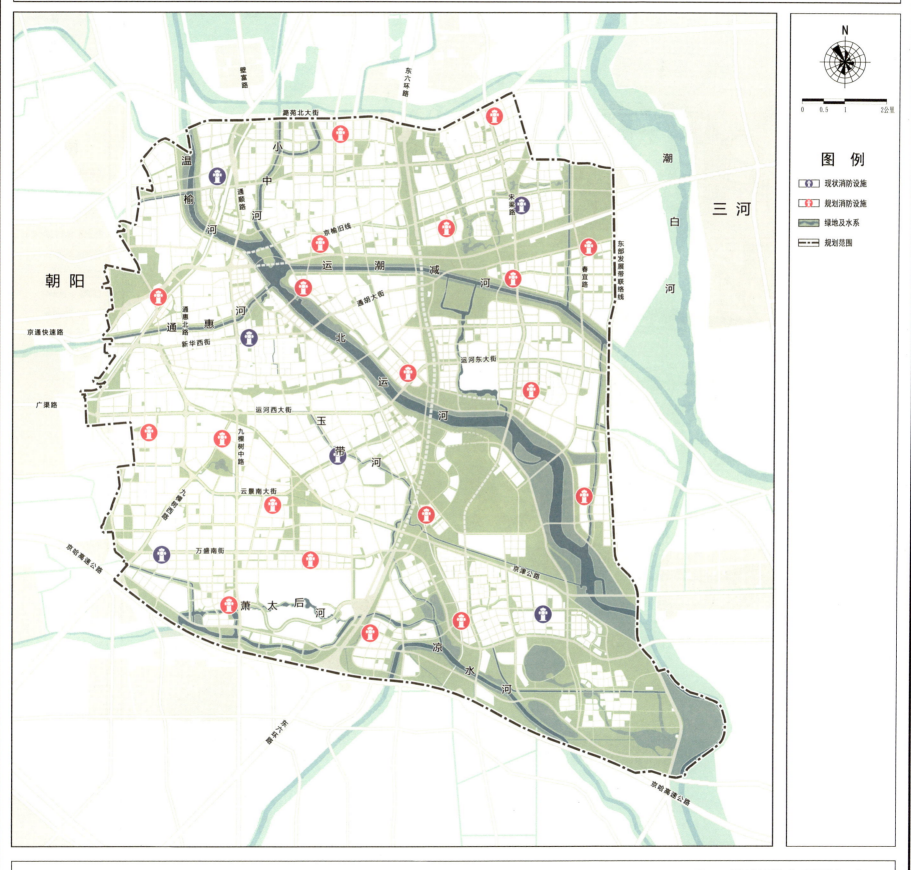

图25 消防设施布局规划示意图

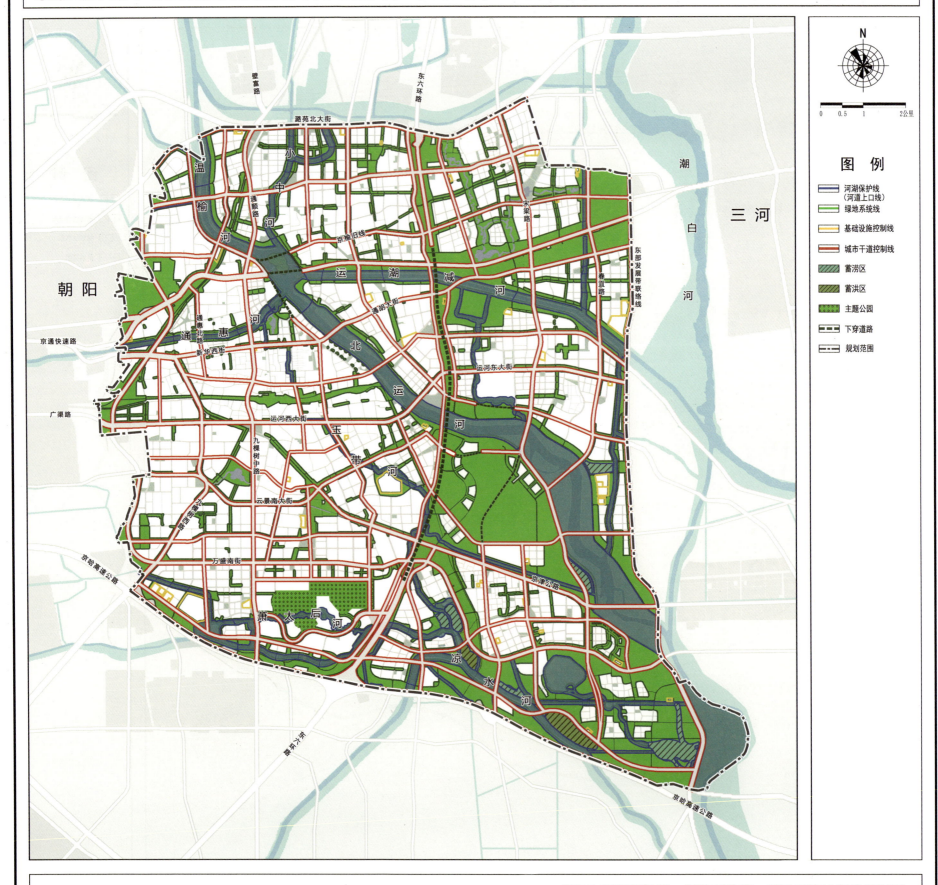

图26 河湖保护线、绿地系统线、基础设施控制线规划图

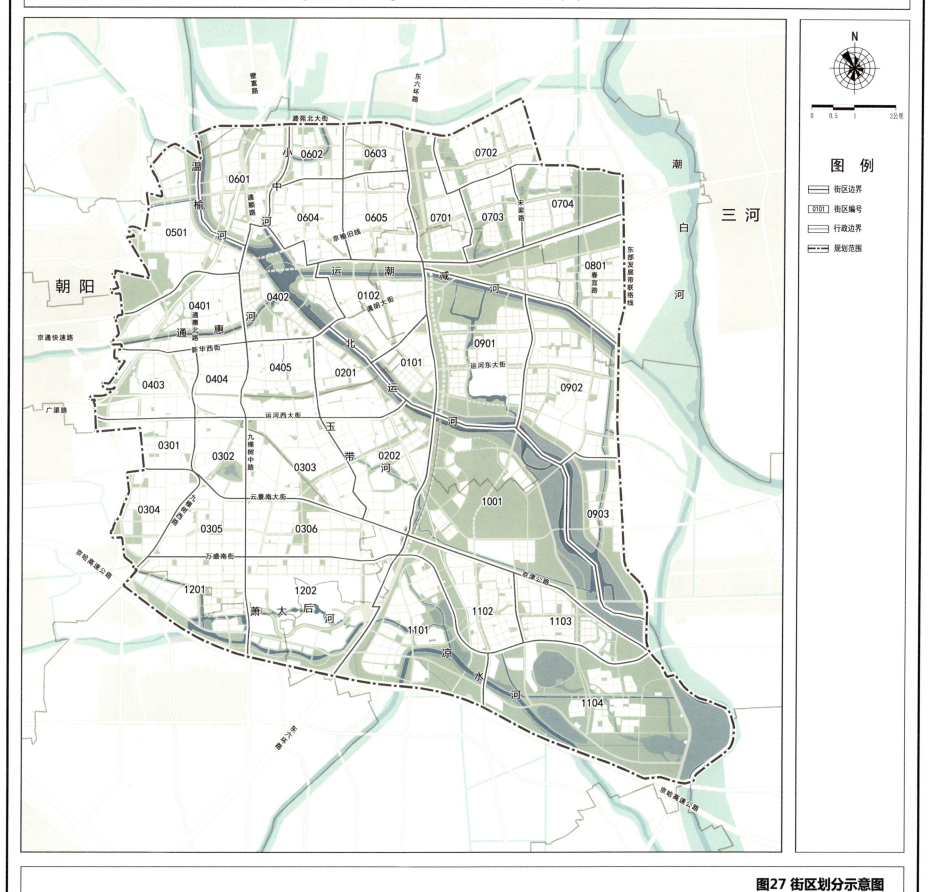

图27 街区划分示意图

图28 0101街区控制性详细规划图

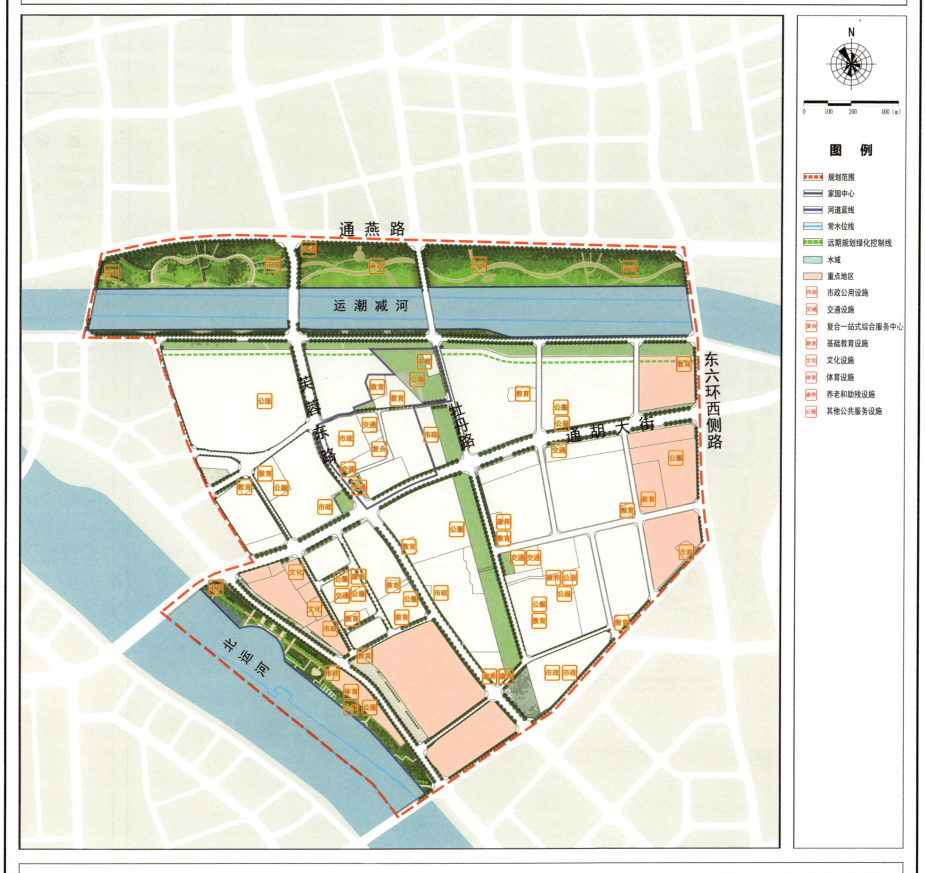

图29 0102街区控制性详细规划图

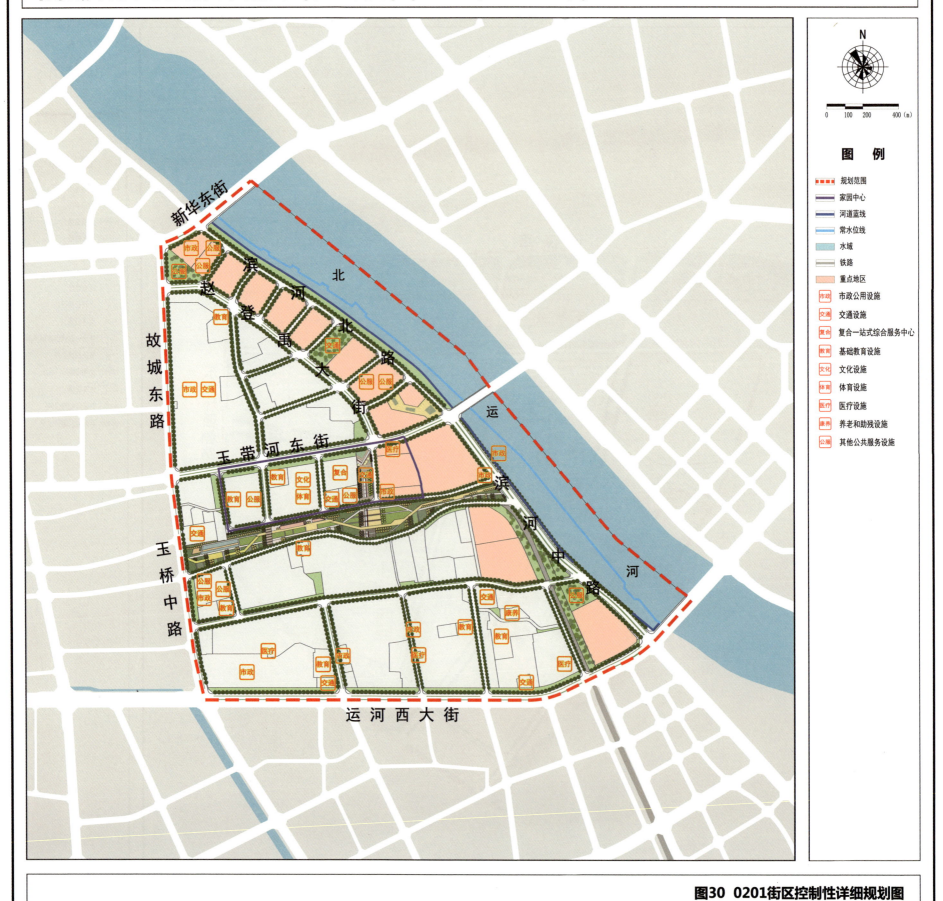

图30 0201街区控制性详细规划图

图31 0202街区控制性详细规划图

北京城市副中心控制性详细规划（街区层面）（2016年—2035年）

图32 0301街区控制性详细规划图

北京城市副中心控制性详细规划（街区层面）（2016年—2035年）

图33 0302街区控制性详细规划图

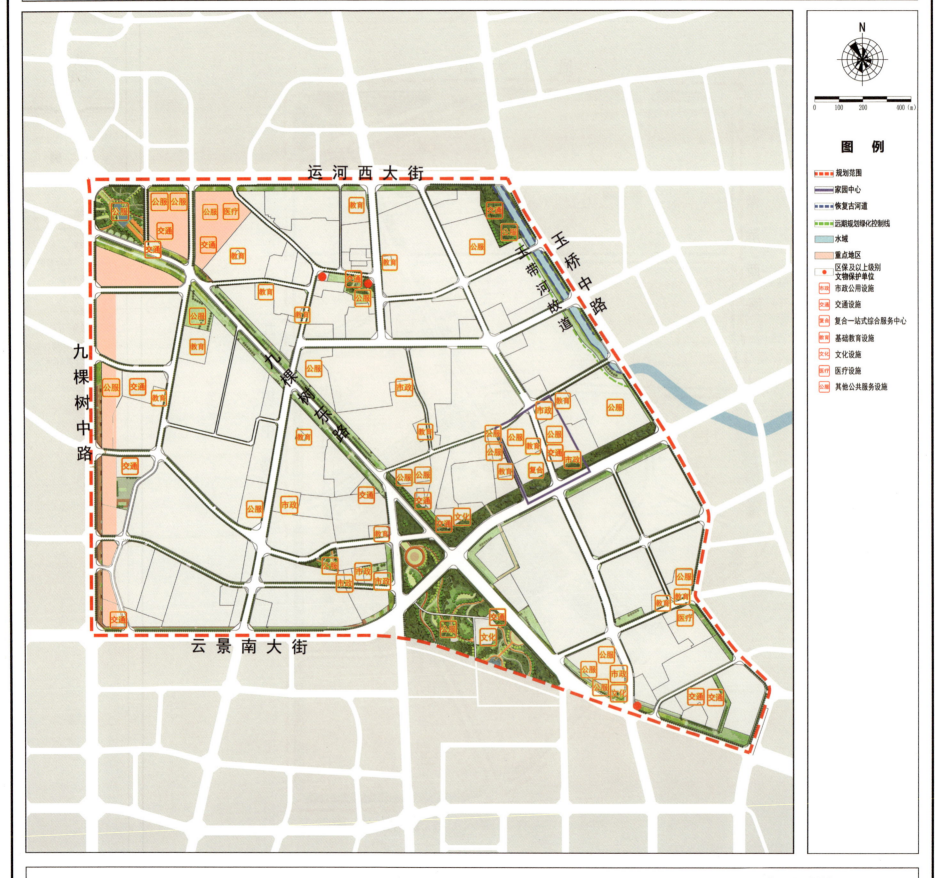

图34 0303街区控制性详细规划图

北京城市副中心控制性详细规划(街区层面)(2016年—2035年)

图35 0304街区控制性详细规划图

图36 0305街区控制性详细规划图

北京城市副中心控制性详细规划（街区层面）（2016年—2035年）

图37 0306街区控制性详细规划图

北京城市副中心控制性详细规划（街区层面）（2016年—2035年）

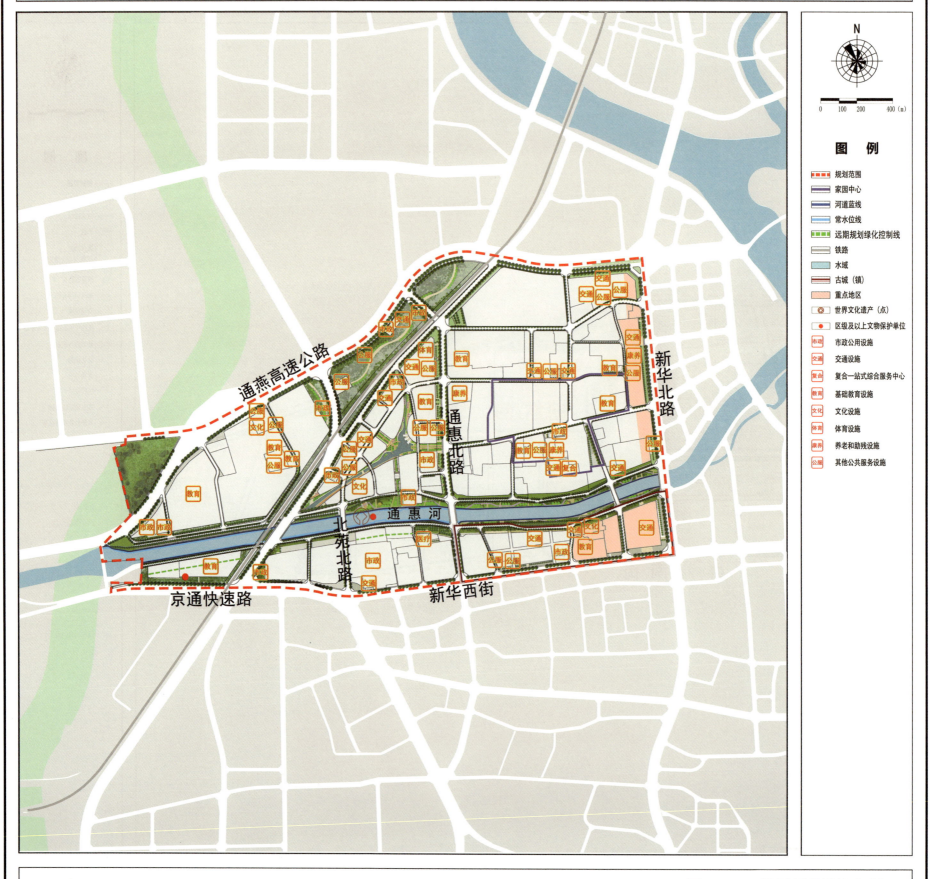

图38 0401街区控制性详细规划图

图39 0402街区控制性详细规划图

北京城市副中心控制性详细规划（街区层面）（2016年—2035年）

图40 0403街区控制性详细规划图

北京城市副中心控制性详细规划（街区层面）（2016年—2035年）

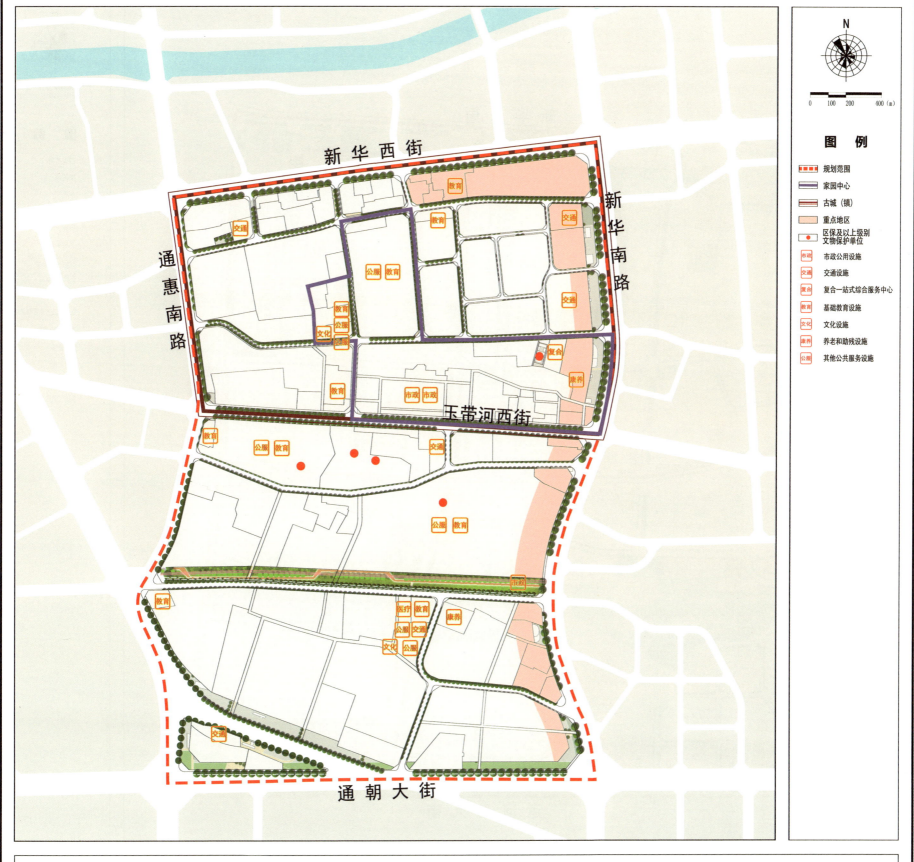

图41 0404街区控制性详细规划图

图42 0405街区控制性详细规划图

北京城市副中心控制性详细规划（街区层面）（2016年—2035年）

图43 0501街区控制性详细规划图

北京城市副中心控制性详细规划（街区层面）（2016年—2035年）

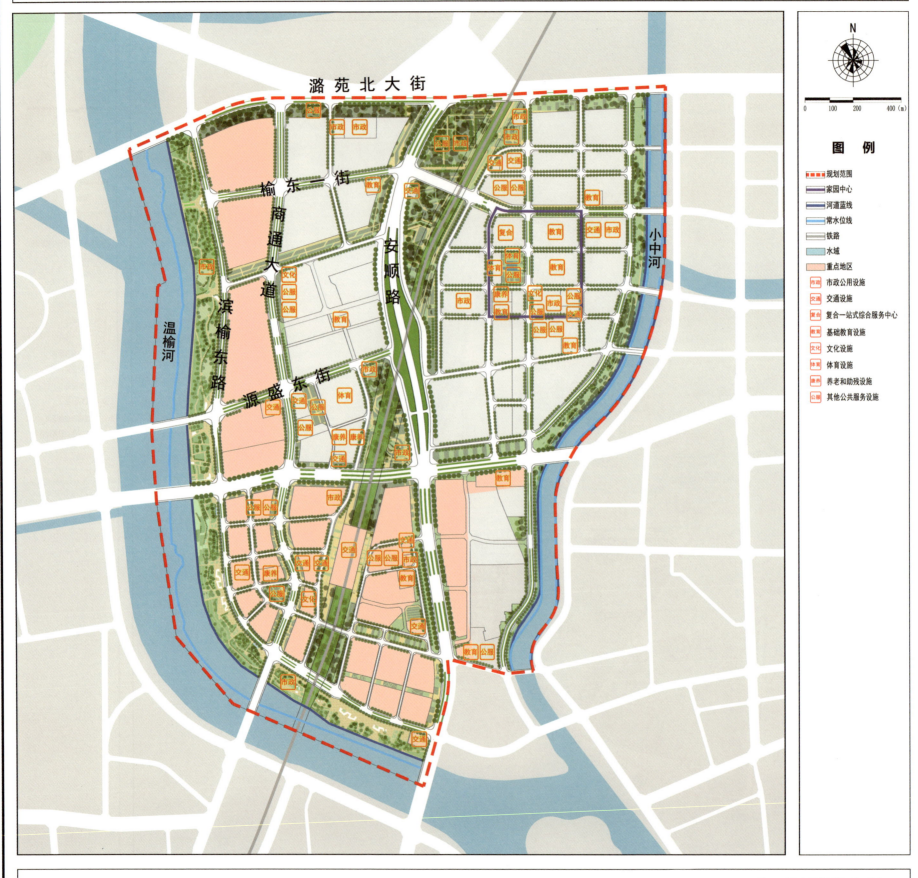

图44 0601街区控制性详细规划图

北京城市副中心控制性详细规划（街区层面）（2016年—2035年）

图45 0602街区控制性详细规划图

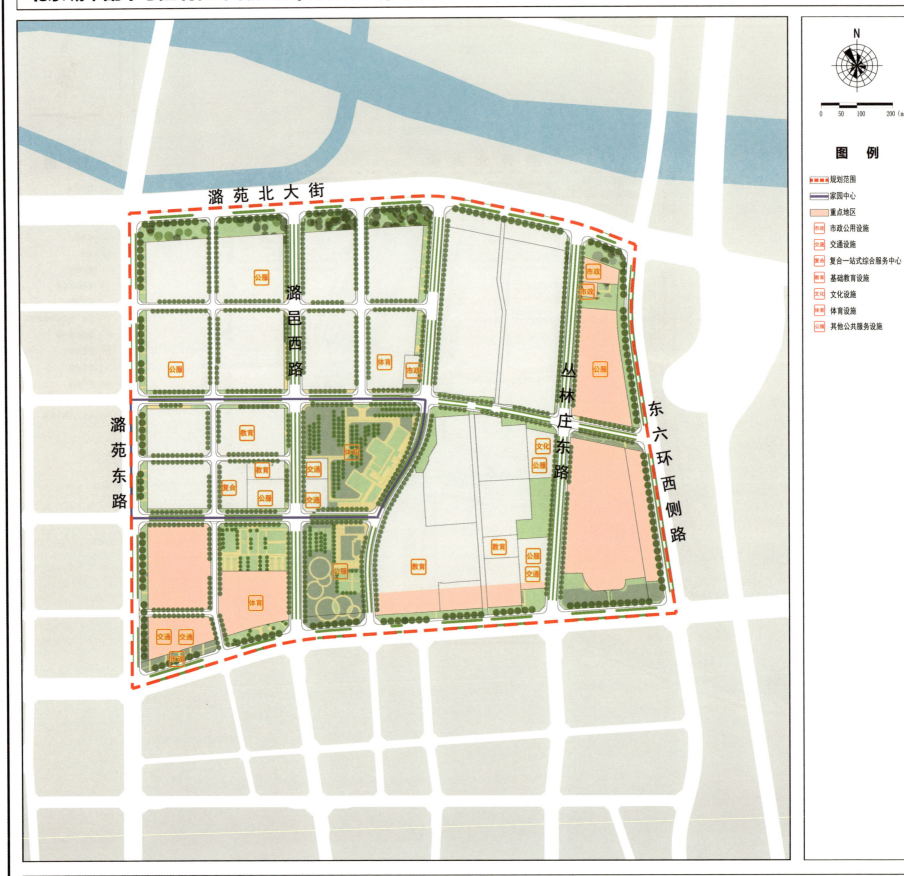
图46 0603街区控制性详细规划图

图47 0604街区控制性详细规划图

图48 0605街区控制性详细规划图

北京城市副中心控制性详细规划（街区层面）（2016年—2035年）

图49 0701街区控制性详细规划图

北京城市副中心控制性详细规划（街区层面）（2016年—2035年）

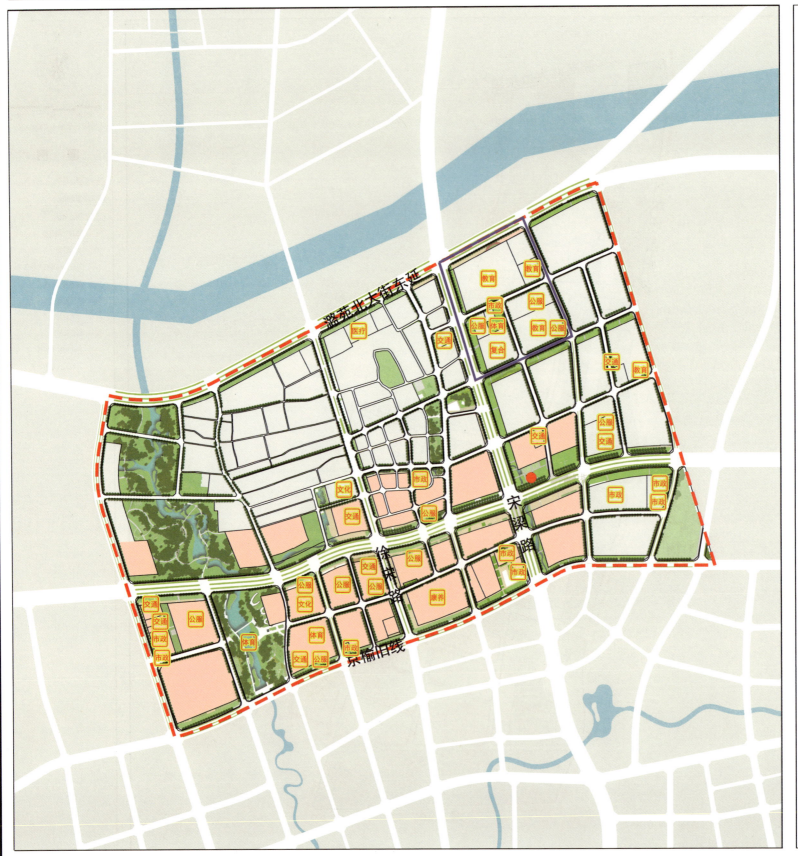

图50　0702街区控制性详细规划图

图51 0703街区控制性详细规划图

图52 0704街区控制性详细规划图

北京城市副中心控制性详细规划（街区层面）（2016年—2035年）

图53 0801街区控制性详细规划图

图54 0901街区控制性详细规划图

图55 0902街区控制性详细规划图

图56 0903街区控制性详细规划图

北京城市副中心控制性详细规划（街区层面）（2016年—2035年）

图57 1001街区控制性详细规划图

图58 1101街区控制性详细规划图

图59 1102街区控制性详细规划图

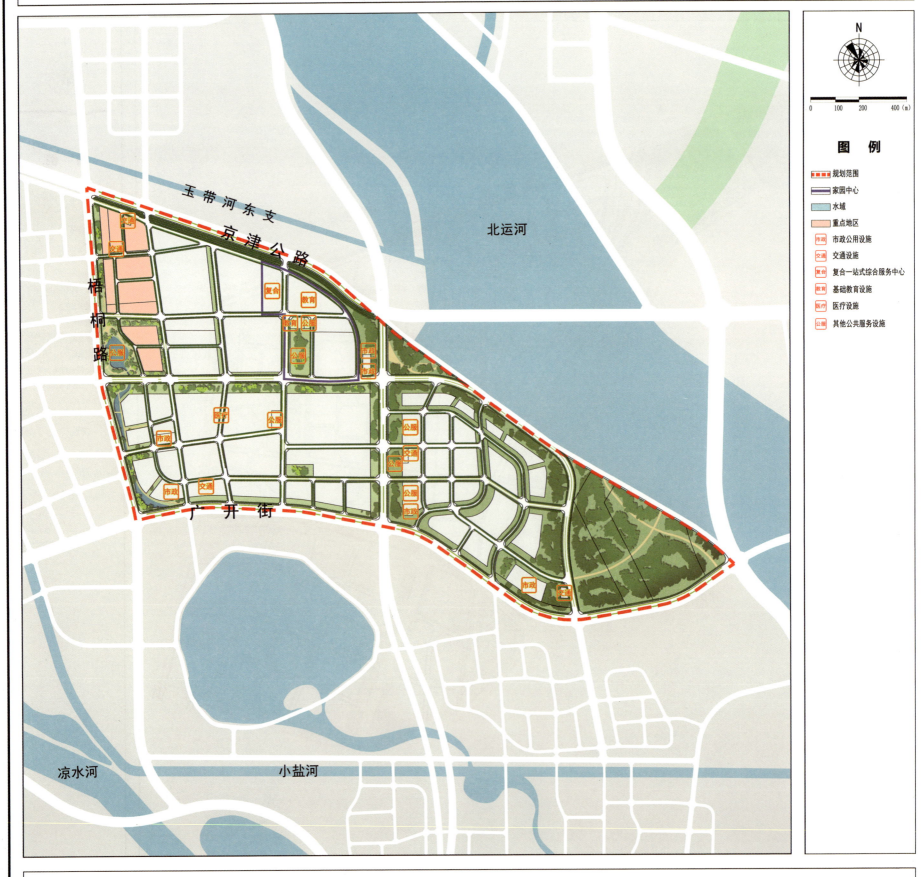

图60 1103街区控制性详细规划图

北京城市副中心控制性详细规划（街区层面）（2016年—2035年）

图61 1104街区控制性详细规划图

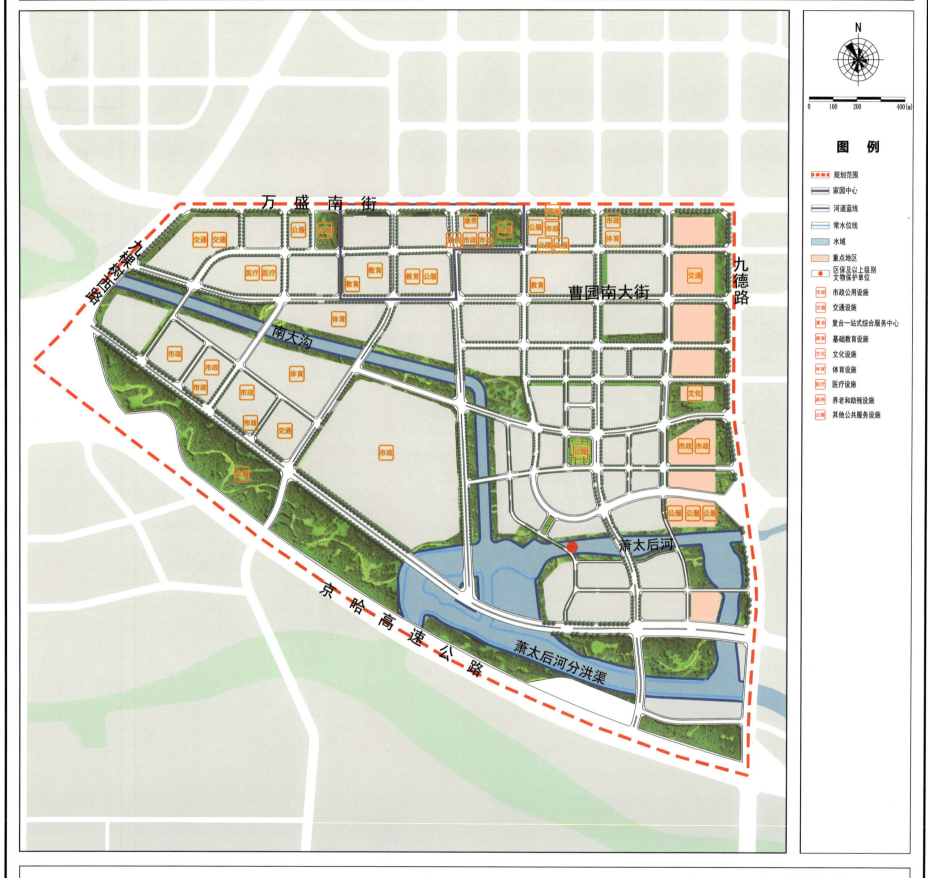

图62 1201街区控制性详细规划图

图63 1202街区控制性详细规划图

图书在版编目（CIP）数据

北京城市副中心控制性详细规划. 街区层面：2016年—2035年/中国共产党北京市委员会，北京市人民政府编. —北京：中国建筑工业出版社，2020.2

ISBN 978-7-112-24870-4

Ⅰ.①北… Ⅱ.①中… ②北… Ⅲ.①城市规划–研究–通州区–2016-2035 ②城市道路–城市规划–研究–通州区–2016-2035 Ⅳ.①TU984.213 ②TU984.191

中国版本图书馆CIP数据核字（2019）第045754号

责任编辑：付　娇　兰丽婷　石枫华　陆新之　黄　翊
责任校对：王　烨　芦欣甜

北京城市副中心控制性详细规划（街区层面）（2016年—2035年）
*
中国建筑工业出版社出版、发行（北京海淀三里河路9号）
各地新华书店、建筑书店经销
北京建筑工业印刷厂制版
北京富诚彩色印刷有限公司印刷
*
开本：889×1194毫米　1/12　印张：10$\frac{1}{3}$　字数：193千字
2020年7月第一版　2020年7月第一次印刷
定价：**78.00**元
ISBN 978-7-112-24870- 4
（35411）

版权所有　翻印必究
如有印装质量问题，可寄本社退换
（邮政编码　100037）